海南热带雨林国家公园
发展报告
（2022~2023）

ANNUAL REPORT ON THE DEVELOPMENT
OF NATIONAL PARK OF HAINAN
TROPICAL RAINFOREST (2022-2023)

海南国家公园研究院　　组织编写
苏　杨　苏红巧　赵鑫蕊　编写

社会科学文献出版社
SOCIAL SCIENCES ACADEMIC PRESS (CHINA)

前言：在国之大者
实现生态保护、绿色发展、
民生改善相统一

以**"在国之大者实现生态保护、绿色发展、民生改善相统一"**为主题的第二本发展报告，在《海南热带雨林国家公园发展报告（2019～2022）》（未正式出版）提出的"海南方案、霸王岭模式"基础上，充分认识跳出海南看国之大者的视角和站位的重要性，与**"向世界展示中国国家公园建设和生物多样性保护的丰硕成果"**、2022年底形成的联合国《生物多样性公约》的"昆蒙框架"① 目标衔接，剖析海南热带雨林国家公园（以下简称"雨林公园"）建设与国之大者、国际公约履约的关系，总结雨林公园的生物多样性主流化成就及其对生态文明建设的作用，发现当好国之大者要求、完成国际目标要求②、体现"四库"作用要求的不足，提出近期（到2025年）和中远期（到2030年"昆蒙框架"目标年）深化改革和示范性项目工作方案，以支撑"生态保护、绿色发展、民生改善相统一"（以下简称"三个相统一"）的实现。

---

① 2022年底，联合国《生物多样性公约》第十五次缔约方大会（以下简称"COP15"）第二阶段会议通过"昆明-蒙特利尔全球生物多样性框架"（以下简称"昆蒙框架"），给出了全球到2030年需要完成的生物多样性工作系统目标。

② 联合国《生物多样性公约》（Convention on Biological Diversity, CBD）的三大理念可简述为保护、资源可持续利用、形成公平惠益分享机制，这与我国生态文明建设的目标异曲同工，更与习近平总书记对国家公园提出的"实现生态保护、绿色发展、民生改善相统一"高度契合。因此，我国的生物多样性履约及相关工作并不是被动的，而是生态文明建设的重要工作和主动作为之一。**以国际履约为切入点和相关工作的对比点，实际上是充分彰显海南自贸港的国家窗口地位，拔高海南热带雨林国家公园的建设意义，从"国之大者""世界贡献"角度来看热带雨林国家公园的建设发展。**

就主题和内容设计而言，第二本发展报告以反映雨林公园设立以来进展和问题为主，在编写时不仅缘于习近平总书记对国家公园和专门对雨林公园的指示①亟待实现，也因为目前的形势已经使全国的国家公园建设和管理出现一个共性问题，海南概莫能外且因为个性原因使得解决问题更为困难——有多个已经列入《国家公园空间布局方案》的国家公园候选区所在地方的政府对创建国家公园的态度多次反复，已经设立国家公园的少数相关地方政府对待国家公园的态度也从设立前出于政治任务需要的全面支持变成了模棱两可。这种局面事出有因，必须注意到国家公园设立后给地方发展带来的两方面影响：①负的是多数地方政府和社区能直接看到和感受到的，概括起来就是国土空间用途管制立刻严格了许多。②正的是国家公园的特色产品因为国家公园的价值而增值以及地方政府获得更多的转移支付。多数地方目前还更多关注负面影响，因为各种督察的压力和建设项目落地的困难是现实的，而真正意义的绿色发展顶多在个案上初露端倪。实现"三个相统一"，不仅需要跳出局部看国之大者，尤其考虑海南作为自贸港应在联合国《生物多样性公约》履约上有更大的国家代表性，更需要厘清现实问题、衔接国际目标、给出系统举措。

基于上述背景，加之考虑到雨林公园设立以后的工作（2022~2023 年）是前期工作的厚积薄发以及《海南热带雨林国家公园发展报告（2019~2022）》未能正式出版系统阐释前期工作，本书在时间上并不局限在 2022~2023 年，而是涵盖了设立雨林公园以前的工作成就。本书分四部分对雨林公园的工作成就（涵盖设立前）进行阐释：第一部分是雨林公园建设与国之大者、国际公约履约的关系，这是认识层面的总述，关键词是关系，

---

① 两次专门指示：一是 2018 年 4 月，习近平总书记在海南建省办经济特区 30 周年大会上对热带雨林等国家公园的要求是"构建归属清晰、权责明确、监管有效的自然保护地体系"；二是 2022 年 4 月，习近平总书记在海南考察时指出："海南要坚持生态立省不动摇，把生态文明建设作为重中之重，对热带雨林实行严格保护，实现生态保护、绿色发展、民生改善相统一，向世界展示中国国家公园建设和生物多样性保护的丰硕成果……要扎实推进国家生态文明试验区建设。热带雨林国家公园是国宝，是水库、粮库、钱库，更是碳库，要充分认识其对国家的战略意义，努力结出累累硕果。"

只有讲清海南生态文明发展大背景①下雨林公园与国之大者、国际目标的关系，才可能跳出海南看国家公园工作，懂得算大账、长远账、整体账、综合账，避免时间维度上的三心二意和利益相关者维度上的各主体的小算盘；第二部分是雨林公园的生物多样性主流化成就及其对生态文明建设的作用，使得大家明白如何跳出海南看国家公园和海南按新的要求看有哪些成就，其中补充了正式设立两年多来雨林公园及相关县市的新进展，尤其在解决"人林地矿水"问题上的全国领先之处。②，国际履约难点放在第二部分专门介绍，是因为不这样凸显不出海南将生物多样性放在发展工作（而不仅是保护工作）中主流化的价值；第三部分是雨林公园建设中存在的问题，即相对国家地位和既有工作要求存在的不足，这是结合 2023 年中央生态环保督察在海南省发现的问题③、国家林草局对国家公园设立 2 周年评估中海南省递交的自评估报告和现场调研及横向对比发现的，其中有历史遗留问题，也有建设不科学、改革不充分的问题，更有发展方式向绿色转型不够的问题④；第四部分是雨林公园未来深化改革和示范性项目工作方案，即提出针对第三部分问题的解决办法并体现到深化改革和示范性项目

---

① 海南不仅是四个国家生态文明试验区之一，在自贸港建设中也把生态文明放到了重要位置并取得了积极进展：中央指定国务院发展研究中心对海南自贸港建设进行评估。国务院发展研究中心对海南自贸港建设 2022 年的评估总体结论是："当前海南全省上下已经形成贯彻落实党中央重大决策部署、共同深入持续抓好自由贸易港建设的整体氛围，并在实践中清晰形成'一本三基四梁八柱'战略框架，按照'五位一体'总体布局，**在自由贸易港硬件设施建设和政策制度设计、外向型经济发展、生态文明建设等方面取得积极进展。**"

② 如在习近平总书记 2022 年 4 月视察后，五指山市发布了《五指山市热带雨林生态产品价值实现试点工作实施方案（2022—2023 年）》，本报告及时进行了追踪分析；又如，海南热带雨林国家公园在解决五方面历史遗留问题（生态移民搬迁、人工商品林处置、集体土地和国有土地置换、矿业权退出、小水电站退出，简称人林地矿水）上走在了全国国家公园的前列。

③ 包括相关市县在 2023 年上报的贯彻落实海南省第三生态环保督察组督察反馈问题整改进展情况和 2024 年 2 月中央第三生态环保督察组向海南省反馈的督察情况。

④ 对这个问题，2023 年海南热带雨林国家公园建设工作推进小组第 1 次会议上提出的要求就是佐证："激发国家公园经济效益。要以'挖掘、保护、利用'为主线，推动国家公园建设提质增效，进一步丰富国家公园品牌体系……着力提升绿色发展水平……努力将热带雨林打造成为新的旅游吸引物。"

工作方案上①。这四个部分是本书的主要分析结果，支撑性的内容和相关背景放在五个附件中，包括"昆蒙框架"的内容和影响、国内外国家公园在实现"三个相统一"上的经验等。

本书由海南国家公园研究院组织编写并提供主要经费支持，国务院发展研究中心管理世界杂志社牵头组成课题组完成编写工作，海南省林业局（海南热带雨林国家公园管理局）进行了稿件审阅，国务院发展研究中心力拓研究基金提供了出版和调研费用。

本书的相关调研、研究和写作工作，自始至终得到了海南国家公园研究院章新胜、汤炎非等领导和海南省林业局（海南热带雨林国家公园管理局）刘钊军局长、王楠副局长和朱仕荣副局长的指导，海南省林业局相关处室的领导和海南热带雨林国家公园管理局相关分局领导为本书的调研提供了大力支持，北京林业大学张玉钧教授和海南大学杨小波教授、宋希强教授为本书提供了学术支持，湖北经济学院邓毅教授团队、玛多云享自然文旅有限公司王蕾博士团队也参与了本书的部分写作，在此并致谢意。

《海南热带雨林国家公园发展报告

（2022~2023）》编写课题组

苏杨、苏红巧、赵鑫蕊

2024年9月

---

① 这也是2023年海南热带雨林国家公园建设工作推进小组第1次会议提出的要求，"相关厅局、市县要进一步提高政治站位，步子大一些，节奏紧一些，速度快一些，以清单化、项目化推进国家公园建设"。《海南热带雨林国家公园建设提升行动方案（2024—2025年）》列出了67个工作任务（包括项目设置），本书给出其中具有类型代表意义的示范性项目的全套工作方案，有利于相关项目借鉴。

目　录

第四部分　海南热带雨林国家公园未来深化改革和示范性项目工作方案

附　件

第一部分
海南热带雨林国家公园建设
与国之大者、国际公约
履约的关系

　　第一批设立的五个国家公园都具有明显的国家代表性，但雨林公园还在两方面有"别具一格"的国家代表性。①国之大者：2022 年 4 月习近平总书记在海南调研时指出"海南以生态立省，海南热带雨林国家公园建设是重中之重。要跳出海南看这项工作，视之为'国之大者'① 充分认识其对国家的战略意义，再接再厉把这项工作抓实抓好"。②国际公约履约：在主席国中国的引领和推动下，2022 年 12 月 COP15② 第二阶段会议正式通过"昆明-蒙特利尔全球生物多样性框架"（以下简称"昆蒙框架"）③ 以及一

---

① 这是习近平总书记第一次提出把国家公园视为国之大者。

② 联合国《生物多样性公约》第十五次缔约方大会，每两年一次，但每 10 年的这个会决定未来 10 年的全球目标，因此意义重大，中国是第一次作为主席国举办这个大会，第一阶段于 2021 年 10 月在云南昆明举行，第二阶段于 2022 年 12 月在加拿大蒙特利尔举行。

③ 在主席国中国的引领下，COP15 第二阶段会议达成了以变革理论为基础的"昆蒙框架"，为全球生物多样性治理擘画了新的蓝图。"昆蒙框架"包括 4 个长期目标（至 2050 年）和 23 个行动目标（至 2030 年），为全球生物多样性保护明确了方向和重点，具有指导性和约束力。

揽子配套政策措施，这是到 2030 年全球在联合国《生物多样性公约》履约上应完成的目标。作为与国际接轨最全面的自贸港，海南无疑是中国履约的国家窗口。在习近平总书记对国家公园的指示和批示中，雨林公园也是唯一被要求"向世界展示中国国家公园建设和生物多样性保护的丰硕成果"的。因此，雨林公园建设的国家和国际意义都很重大。

第一节
海南热带雨林国家公园的国家地位

可以从《国家公园空间布局方案》中对雨林公园的描述及生态文明试验区与国家生态文明、雨林公园与生态文明试验区的关系来明确雨林公园的国家地位①。这个角度的描述不同于现有资料和宣传材料，而是从联合国《生物多样性公约》履约中的价值和科学依据进行国家地位的定位。

一 《国家公园空间布局方案》反映出的国家代表性

2022年12月由国家林业和草原局（国家公园管理局）联合财政部、自然资源部、生态环境部印发的《国家公园空间布局方案》遴选出49个国家公园候选区，其中明确雨林公园的核心价值为：岛屿型热带雨林代表，热带生物多样性和遗传资源的宝库，海南岛生态安全屏障；所属自然地理区位是琼雷热带雨林季雨林区，该区地貌类型以山地、丘陵、平原为主，生态系统类型以热带雨林、季雨林为主。以其为主要依据，可以看出雨林公园的国家代表性：海南是全国热带气候的主要依托地，是全国农林产业不可替代、独一无二的育种根据地，成就了中国完整的生态系统，为全国提供绿水青山的种质资源。以下从两个方面详述其国家代表性：国家层面的生态系统不可替代性，热带物种基地和国家种质资源库。

---

① 本书第一部分第一节就分析热带雨林国家公园的国家地位，是因为各方面在这方面真正统一认识后才能付诸实践、形成合力。实际上，这也是海南省委、省政府的认识：2023年海南热带雨林国家公园建设工作推进小组第1次会议中专门强调："建立国家公园体制是党中央站在中华民族永续发展的战略高度作出的重大决策。相关厅局、市县要进一步提高政治站位……"

（一）国家层面的生态系统不可替代性

热带雨林作为陆地森林中最主要的生命功能载体，不仅具有地球上最丰富的物种量和生物生产力，还以强大的环境影响与改造能力维系和支撑着地球陆地的生态平衡。中国处于热带边缘，海南岛面积有限、脱离大陆的时间不长且地形变化不多，其热带雨林从全球来看价值不高（与加里曼丹、马达加斯加等热带大岛相比），但与国内其他热带雨林相比具有如下特点：典型的大陆性岛屿型热带雨林、中国集中连片面积最大的热带雨林、海南岛最重要的水源地、海南岛生态系统的核心。

海南有我国分布最集中、连片面积最大的热带雨林，这也是热带雨林和季风常绿阔叶林交错带上唯一的"大陆性岛屿型"热带雨林。雨林公园是海南热带雨林生态系统的主体，也是唯一的将国家层次上的陆地生物多样性优先区（全国 34 个，其中之一是海南岛中南部区）完整地纳入其中的国家公园。雨林公园内有热带雨林 29 个群系，高山云雾林 9 个群系，占海南低地雨林群系的 95.5%、山地雨林的 90.9%、高山云雾林的 90%，因此其具有很高的生态系统多样性价值，肩负着保护生态系统、物种、遗传三个层次的生物多样性的国家使命。

显然，对中国来说，海南热带雨林生态系统不可或缺也不可替代。但海南岛经过数千年的开发后，热带雨林的原真性受到很大破坏[①]，加之岛屿的环境承载力有限、生态缓冲区域小、自我修复能力弱、对环境因素改变反应敏感，亟待加强保护。

专栏 1-1　从全球角度和国家价值看海南的热带雨林有什么特点？

因为分布在热带北缘且经历了长时间人类开发活动的影响，海南的热带雨林不是特征典型的热带雨林，全球价值也不明显（与加里曼丹、

---

① 例如，海南森林面积中的原始林比例只有不到 10%，已经没有超过 50 米的高树（已知最高树为热带雨林国家公园霸王岭片区内的一株约 49 米高的红花天料木，这个指标已经明显不如我国以亚热带常绿阔叶林为主的国家公园及创建区，也显著低于受台风影响更大、水热条件也更差的台湾热带雨林的对应指标）。

马达加斯加等热带大岛相比），但仍然具有类型代表意义和不可替代的价值。雨林公园设立以来的工作①，使这样的价值得以全面呈现出来。

也因为分布在热带北缘且海南岛整体从大陆分离时间不长，海南的动植物岛屿特有化的比例不高，但森林生态系统的多样性却比多数海岛复杂，所以才称之为大陆性岛屿型，这种独特的类型使得海南热带雨林具备了一定的全球价值。雨林公园内的森林生态系统大体可分为六类。①低地雨林主要分布在海南岛中部山区海拔800米以下，是海南岛雨林中最典型的类型，代表种有青梅、坡垒、荔枝、母生等。②热带针叶林主要分布在霸王岭分局范围内，其优势树种为南亚松。③热带落叶季雨林是生长在海拔300米左右的一种植被类型，分布在降雨量低、环境干燥的区域，在旱季多数树种要落叶。其植被还有一个明显的特征，就是树干多刺，这些小刺是由小枝变成的，目的是减少水分蒸发，其刺的表面是绿色的，可进行光合作用，这是植物对干旱环境的适应策略。④山地雨林是海南岛森林植被中面积最大、分布较集中的垂直自然性植被类型，分布海拔为700~1300米，主要代表种有陆均松、鸡毛松、海南紫荆木、岭南稠、木荷等。霸王岭的山地雨林是海南长臂猿的生活区域，有高山榕、毛荔枝、桂树果等主要猿食植物。⑤山地常绿林主要分布在海拔1100~1500米的山坡，结构比较简单，林木较矮小，树蕨、木质藤本

---

① 不含体制试点期间的工作，这些工作包括以下方面。第一，2023年7月启动海南热带雨林国家公园资源综合调查与监测，综合采用遥感、样方法、样线法、样点法和红外相机法等方法对区域内土地资源、陆生植物资源、水生植物资源、动物资源、地带性植被资源以及游憩资源等六大方面进行全面调查。第二，海南长臂猿定期监测。组建有18人的海南长臂猿专职监测队，设置了9个驻点和20个监听点，开展海南长臂猿定期监测，监测覆盖A、B、C、D、E、F群和有可能出现独猿的区域，覆盖面积达4万余亩。2022年10月同步开展海南长臂猿新繁殖单元生态学长期监测及其伞护成效评估。第三，其他保护物种专项调查。陆续实施了蟒蛇、戈氏金丝燕、中华穿山甲、圆鼻巨蜥、海南山鹧鸪、海南孔雀雉、白鹇、红原鸡、小爪水獭等国家重点保护动物专项调查，完成了尖峰岭片区地栖动物调查，形成了相关专题调查报告。第四，完成国家公园林木种质资源调查。完成海南热带雨林国家公园内野生林木、古树名木等45个树种的林木种质资源的调查，摸清了区域内45个主要树种的种质资源现状和分布。

以及板根和茎花现象等罕见或不存在，出现油杉和海南五针松等松柏科植物。⑥山顶矮林分布于海拔1300米以上的峰顶，五指山、鹦哥岭的面积较大，树矮小弯曲，代表种有厚皮树、五列木及山毛榉科树木，林内湿度大，附生的苔藓、地衣极其丰富，布满地面、枝叶之上，很难看到土壤。

（二）热带物种基地和国家种质资源库

从物种多样性而言，海南岛具有一些特有的动植物物种，是我国珍稀的热带动植物宝库：记录到的维管束植物4600多种，约占全国总数的1/7，其中490多种为海南所特有；陆生脊椎动物有660种，其中两栖类43种、爬行类113种、鸟类426种、哺乳类78种。在陆生脊椎动物中，23种为海南特有。但从国家经济社会发展和《生物多样性公约》履约而言，海南热带雨林更重要的作用是物种基地和种质资源库，是全国农林产业不可替代、独一无二的育种根据地①。具体如下。

——农作物遗传资源方面，包括野生稻资源、粮食作物资源、油料作物资源、果树遗传资源、野生蔬菜资源、香料作物资源、野生纤维植物资源、茶树资源②。这些资源对我国农作物新品种选育具有重大意义（见专栏1-2）。

——畜禽遗传资源方面，海南家畜有15个地方品种，其中猪6个品种、牛2个品种、羊1个品种、兔4个品种、鹿2个品种。海南家禽有4个地方品种，其中鸡2个品种、鸭1个品种、鹅1个品种。此外，还有中蜂1个蜂类品种和海南特有的原鸡海南亚种野生种质资源。这些资源曾经对国内其他省份乃至世界畜牧品种资源的改良起到积极作用，是海南和全国未来家

---

① 可以把海南热带雨林国家公园视作海南最大的林草种质资源原地保存库。海南设立了首批17处省级林木种质资源库（含国家级3处，国际竹藤中心竹类与花卉国家林木种质资源库、海南省文昌市椰子国家林木种质资源库、中国林科院热带林业研究所试验站热带珍贵树种国家林木种质资源库）。

② 海南省2022年以来针对海南大叶种茶等重点资源植物，完成了鹦哥岭片区3.02万株野生海南大叶种茶定点调查、五指山片区茶叶种植情况调查等。

禽、家畜品种改良的重要遗传资源。

——药用植物遗传资源方面，海南省药用植物资源丰富，素有"天然药库""南药之乡"之美誉。海南全岛已知药用植物 3100 种以上，其中载入《全国中草药汇编》的有 1100 多种、收载于《中华人民共和国药典》的有 297 种、常用中药材 250 余种。

——野生花卉资源方面，海南岛野生花卉繁茂，花卉品种资源多样。海南岛有花卉种质资源 859 种（包括变种、品种、型），其中野生种 406 种、栽培种 453 种。

总结起来，海南的热带雨林生态系统、物种、基因资源（三个层次的生物多样性）都是中国生态安全和农业安全的重要保障，而且从全国范围来看没有其他区域可以替代雨林公园的功能，所以其不能不说是国之大者。

除了国家代表性，雨林公园还是海南省的生态安全屏障和生态系统服务的主要功能区，提供了海南主要的生态系统服务且是海南水塔（海南排名前四的大河均发源于雨林公园内）。

**专栏 1-2　海南南繁基地的重要作用和在自贸港建设中
如何配合雨林公园相关工作？**

国家南繁科研育种基地（以下简称"南繁基地"），是利用我国海南省南部地区冬春季节气候温暖的优势条件以及海南省的种质资源，将夏季在北方种植的农作物育种材料于冬春季节在海南繁殖的育种方式。南繁基地在保障国家粮食安全、缩短农作物育种周期、促进现代农业发展和农民增收、培育科研育种人才等方面做出了突出贡献。南繁加代选育可使农作物新品种选育周期缩短 1/3 ~ 1/2，南繁基地已成为我国新品种选育的"孵化器"和"加速器"、保障农业生产用种的"调节库"和种子质量天然的"鉴定室"。

南繁基地立足海南，服务全国。据统计，除青海省、西藏自治区、香港和澳门尚未开展南繁活动外，来自全国近 30 个省区市 350 多家南繁机构，其中有 250 多家涉农高等院校和 100 多家涉农科研院所，6000 多名专职科研人员，近 2 万名工作者参与南繁基地工作，可称之为育种国家队。热带雨林的种质资源加上南繁基地，彰显了海南生物多样性产业链的国家代表性。目前已经编制了《国家南繁科研育种基地（海南）建设规划（2015—2025 年）》《国家南繁硅谷建设规划（2023—2030年）》《全球动植物种质资源引进中转基地实施方案》等规划方案。计划引入全球优质种质资源，扩大种质战略储备及保护，扭转我国种质对外引种储备占比偏低的被动局面，提升国家种质资源国际竞争力，支撑由种质资源大国向种质战略强国转变。塑造海南产业竞争优势。依托全球动植物种质资源引进中转基地，塑造海南开放型产业发展核心竞争力，开展育种科研、种苗繁育、生物农资、动植物制品、医药工程、旅游等，引领海南经济跨越升级。

自贸港是海南最鲜明的国家特色，雨林公园与自贸港的良好结合不仅能彰显中国履行联合国《生物多样性公约》义务的新方式，也能使中国的国家公园有一个最好的国际交流窗口。海南自贸港有 12 个先导性项目，雨林公园与全球动植物种质资源引进中转基地建设、国家南繁科研育种基地建设都位列其中。《海南自由贸易港建设总体方案》明确指出，"发挥国家南繁科研育种基地优势，建设全球热带农业中心和全球动植物种质资源引进中转基地"。而这两个项目从理论上是可以与国家公园建设实现良性互动的：①热带雨林是全球提供种质资源最好的生态系统，雨林公园依法开展本地资源的输出和全球资源的输入本地化工作，为自贸港与国家公园搭建国际生物多样性资源的交流平台；②南繁基地是中国农业发展的引擎之一，中国三系杂交水稻的种质资源也出自海南。如果南繁基地的技术力量能着力于从雨林公园中获得优质种质资源并实现产业化转化，则生态保护和绿色发展就能实质性地统筹起来。

但目前而言，自贸港的这三个项目之间基本是脱节的。海南实际上具备统筹项目间互动的能力，例如，2022 年，海南省启动南海生物多样性、生物种质资源库和信息数据库建设，旨在获取南海海洋生物资源基础数据资料，为南海生物资源保护和开发利用提供必要的科学依据。此类项目将加强南海生物种质资源保护和利用，有助于加快农业生物技术创新应用研发，促进水产苗种南繁育种产业持续健康发展，为提升南海渔业资源开发利用水平、突破水产种源"卡脖子"技术提供直接的支持。类似这样的工作，如果依托雨林公园、国家南繁科研育种基地和全球动植物种质资源引进中转基地等国家级乃至世界级资源，可以体现出更好的综合效益，也能使海南在生物多样性保护和利用上的要素组合优势全面体现出来。

二　海南热带雨林国家公园是海南生态文明建设的重要依托

海南建省办经济特区以来，其生态文明建设历程可以用四个关键词来概括：一是"生态省"，1999 年 3 月，国家环境保护总局正式批准海南为中国第一个生态示范省；二是"全国生态文明建设示范区"，2009 年底，海南国际旅游岛建设上升为国家战略，创建"全国生态文明建设示范区"被列为推动旅游岛建设六大战略目标之一；三是"国家生态文明试验区"（2019 年）；四是"自贸港"（2020 年）。这四个关键词勾勒出海南在国家生态文明建设中的地位和独特的生态文明实现路径，其中雨林公园又是海南省生态的主要依托。

作为生态文明体制改革中整体进展最快、制度改革最系统的领域，国家公园建设反映了中国在生态文明建设期间发展方式的巨大变化。海南自2019 年 5 月中共中央办公厅、国务院办公厅发布《国家生态文明试验区（海南）实施方案》后从生态省升格到生态文明试验区，该方案提出的海南四区定位①中的两区"生态文明体制改革样板区……生态价值实现机制试验区……"主要依托雨林公园来实现。"构建国土空间开发保护制度"被列在重点任务第一项，超过海南岛 1/8 陆域面积且具有前述国家代表性以及守护

---

① 　明确海南是"生态文明体制改革样板区，陆海统筹保护发展实践区，生态价值实现机制试验区，清洁能源优先发展示范区"。

海南生态安全和提供主要生态系统服务的雨林公园，成为这项制度的优先落地区。将雨林公园建设列为建设国家生态文明试验区（海南）六大标志性工程之首①就是顺理成章的了。

（一）生态文明体制改革样板区

按照 2015 年中共中央、国务院印发的《生态文明体制改革总体方案》，生态文明体制改革需要建立八项基础制度，这八项制度都涉及各地发展最重要的"权、钱"制度的大调整（见表 1-1）。迄今为止全国四个省级层面的生态文明试验区都面临整体推进困难、难以全面落实《生态文明体制改革总体方案》的窘境，只能在条件最成熟的区域优先推进——雨林公园具有作为国家生态文明试验区（海南）先行区的必要性和可行性：前述的国家地位、雨林公园的体量及其作为海南省的生态安全屏障和生态系统服务的主要功能区的定位，使其优先推进生态文明体制改革具备必要性；而体制改革试点的属性也决定了生态文明制度更易于在雨林公园完整落地，即雨林公园是国家生态文明试验区（海南）的最重要且显著的体现地。

而且，雨林公园的建设内容均来自目前国家的最高决策，体现出党中央、国务院的足够重视。在中国的生态文明建设和生态文明体制改革中，有若干措施直接与生物多样性工作有关，如保护方面的生态保护红线制度、资源可持续利用方面的生态产业化措施等，国土空间用途管制上的国家公园体制试点则在一个地域内整合了体制改革和创新措施。这些方面的举措，大多数以中央全面深化改革委员会会议决策的方式形成改革文件，这是现阶段国家最高决策形式之一。加上中央生态环保督察对自然保护区的监督和各地创建国家公园的实践，中国有些区域的生物多样性保护工作可能在国家、省、市、县等多个层面被主流化，形成全面的绿色治理。

---

① 这六大标志性工程具体包括：一是热带雨林国家公园；二是清洁能源岛的建设，海南的清洁能源装机比重从 2012 年的 43.5% 提高到了 2022 年的 70%，远高于全国平均水平，海南也是首个宣布到 2030 年不再销售传统燃油汽车的省份，海南的清洁能源汽车保有量占比和新增车辆占比均大幅高于全国平均水平；三是全省"禁塑"；四是装配式建筑；五是"六水共治"；六是海南提出要争做"双碳"工作优等生，在博鳌亚洲论坛的会址东屿岛打造零碳岛。

表 1-1 生态文明体制改革八项基础制度与"权、钱"的关系
及其在国家公园范围内的问题体现

生态文明体制改革八项基础制度	制度和"权、钱"的关系	制度建立在国家公园范围内的问题体现	制度创新方式
健全自然资源资产产权制度	权（解决土地等自然资源权属问题，确保山水林田湖草统一管理、有序管理）	如何建立归属清晰、权责明确、监管有效的自然资源资产产权制度？不同层级、不同资源类型的确权过程中如何确保效率和公平的统一？	中央和地方政府分级行使所有权并权责利统一
建立国土空间开发保护制度		如何统筹国家公园范围内原有保护地的各项规划，实现以统一的规划推进国土空间的统一开发保护？	探索以空间规划为基础、以用途管制为主要手段的国土空间开发保护制度，推行多规合一、审批合一的前置控制和分区管理
建立空间规划体系		如何在空间规划体系中实现以空间治理和空间结构优化为主要内容，全国统一、相互衔接、分级管理？	
完善资源总量管理和全面节约制度	钱、权兼有	如何在国家公园内实现覆盖全面、科学规范、管理严格？	统一、规范、高效的管理目标和制度
健全资源有偿使用和生态补偿制度	钱（谁奉献、谁得利；谁受益、谁补偿）	如何将国家公园的保护和全民公益需求纳入生态补偿制度中，以有限的资金最大化地实现保护与发展的双赢？	建立基于细化保护需求的国家公园保护地役权制度，补偿资金部分用于构建国家公园产品品牌增值体系以扶持绿色发展
建立健全环境治理体系	权（确保谁污染、谁付费甚至谁污染、谁遭罪）	如何结合国家公园通常存在较多社区的实情，将社区发展和社会福利纳入治理体系之中？	探索以改善环境质量为导向，监管统一、执法严明、社区共治、多方参与的环境治理体系
健全环境治理和生态保护市场体系	钱（谁治理、谁得利）	如何保障市场力量在国家公园生态环境有效保护的前提下有序规范地介入？	分清政府和市场的界限，建立国家公园特许经营制度，在此基础上构建国家公园产品品牌增值体系
完善生态文明绩效评价考核和责任追究制度	权（权为"绿"所谋，确保指挥棒正确有力）	考核体系中如何充分体现国家公园的资源环境禀赋和生态保护、全民公益成效？	以自然资源资产负债表和产权确定制度为基础，建立充分反映资源消耗、环境损害、生态效益等方面的考核体系

雨林公园的工作，不仅涉及保护与发展的关系，更涉及管理机构与地方政府的关系、与农场和林场的关系、与社区的关系，涵盖了生态文明体制改革八项制度的所有方面，涉及自然资源资产产权、国土空间开发保护、生态补偿、市场体系、领导干部政绩评价等。自2019年以来的试点及建设也基本涉及了所有这些制度，雨林公园的诸多先行先试举措也在海南乃至全国具有领先地位[①]，未来需要深化改革才能解决的问题也具有全国代表性[②]。这充分说明，雨林公园的生态文明体制改革走在前面，可以给海南乃至全国当好样板区。

（二）生态价值实现机制试验区

中国的生态文明建设，除了构建生态文明体制外，实现路径主要是生态产业化和产业生态化，这两者的本质都是生态价值实现。海南的生态价值实现，对国家公园来说有一个有利的条件——相对独立的地理单元，还有一个先行的任务——"四库"[③]。为了让"四库"兑现，必须有完整的生态价值实现机制，国家公园体制试点就一直在这方面先行先试。

海南充分利用好身边"四库"，在雨林公园建设中，在守护好"国宝"的同时，不断放大生态、经济、社会三重效益，积极探索"绿水青山就是金山银山"的转化路径，推进以林兴农、以林富民，探索生态价值实现路径和模式，包括开展雨林公园GEP核算工作[④]，探索建立"两山"理念实

[①] 例如，在生态环境综合执法改革和行业公安体制改革后，林业和国家公园的行政执法都出现了问题，海南在全省创新综合执法体制的情况下专门对国家公园采取了执法派驻双重管理体制改革——由森林公安继续承担国家公园区域内的涉林执法工作，实行省公安厅和省林业局双重管理。其他行政执法工作实行属地综合行政执法，并设立国家公园执法大队，派驻到国家公园各分局，统一负责国家公园区域内的综合行政执法工作。这种改革初步解决了国家公园内行政执法力量弱化的问题。

[②] 参见第三部分。

[③] 2022年4月11日，习近平总书记到五指山考察，作出"热带雨林国家公园是国宝，是水库、粮库、钱库，更是碳库"、"乡村振兴要在产业生态化和生态产业化上下功夫"等系列重要指示。

[④] 在10个国家公园体制试点区中，海南热带雨林国家公园是率先开展GEP核算的国家公园，且已连续进行了四年（核算的是2019~2022年）。经过多年的持续探索，目前海南省已形成较为完善的能够呈现海南热带雨林资源特色的核实方法和指标体系，为海南生态文明建设提供可量化标尺。

践基地，推进"园内园外""山上山下"协同发展等。涉及国家公园的五指山、白沙、保亭各市县通过"山字经"，探索将热带雨林的典型独特资源转化为"金山银山"。

除了这些，海南自贸港为海南的生态价值实现机制创新提供了最好的试验室，生态产业化和产业生态化所要求的现代化生产要素可望得到全面补齐。对生态产业化而言，通常有四方面发展限制条件：①必须有以生态保护为基础且保护政策允许的绿色特色产业，通过特色产品将资源环境的优势转化为产品品质的优势，使保护和恢复生态的价值在市场上稳定地、增值地变现；②必须在交通不便、农村空心化问题严重，同时人力资源素质、组织程度不高的情况下能基本内驱地实现；③必须在市场条件下可持续，有一定的技术含量，有稳定的供求关系、价格和金融支持等，能经受市场波动，具有自我"造血"功能；④还须建立生产、生活方面的绿色发展利益转化机制等，形成利益共同体，使绿色发展方式能让大多数村民参与治理、参与受益，这样才能"共抓大保护"。而作为世界最高水平开放形态的自贸港在整合金融、税收、人力资源等国内外现代化生产要素上具有全国其他地区都不具有的优势，是全面的境内关外，有五个"更"的有利条件①。这些有利条件加之国家在国家公园政策创新上的导向性②，使得生

---

① 一是开放水平更高。构建了以"五个自由便利、一个安全有序流动"（五个自由便利与一个安全有序流动，即贸易自由便利、投资自由便利、跨境资金流动自由便利、人员进出自由便利、运输来往自由便利和数据安全有序流动，构建一大现代化产业体系）为基本特征、以贸易与投资自由化便利化为核心的更高水平的开放政策制度体系。二是创新力度更大。在坚决维护党中央权威和集中统一领导的前提下，赋予海南更大改革自主权，有助于推动更大力度的制度集成创新。三是法治保障更强。建立以《海南自由贸易港法》为基础，以地方性法规和商事纠纷解决机制为重要组成的自由贸易港法治体系，营造国际一流的自由贸易港法治环境。四是税收制度更实。以零关税、低税率、简税制、强法治、分阶段为原则，逐步建立与高水平自由贸易港相适应的税收制度。五是治理体系更优。着力推进政府机构改革和政府职能转变，鼓励区块链等技术集成应用于国家治理体系和治理能力现代化。

② 中共中央办公厅、国务院办公厅2019年发布的《关于建立以国家公园为主体的自然保护地体系的指导意见》中的第二十三条明确："……在自然保护地相关法律、行政法规制定或修订前，自然保护地改革措施需要突破现行法律、行政法规规定的，要按程序报批，取得授权后施行。"

态价值实现机制未来有最大的创新余地、最好的创新手段。海南省委在2023年也明确，要服务海南"三区一中心"建设需要，聚焦旅游业、现代服务业和高新技术产业，下大力气破除阻碍生产要素流动和产业发展的体制机制障碍。

雨林公园在生态价值实现上的举措还包括强化生态搬迁移民住房和配套设施保障，建立生计替代新机制，创新国家公园建设科普宣教机制，尊重保护黎族、苗族传统文化并将其转化为旅游产品。例如，自2019年海南开展国家公园体制试点工作以来，五指山、东方、保亭、白沙4个市县居住在国家公园核心保护区的470户村民需要搬到统一安排的社区安置。生态移民的社区居民享受统一建设安置房屋、及时安排资金支付耕地及经济作物补偿、安排公益岗和就业培训。

这些改革和举措，使得雨林公园比较领先地实现了国家公园从强调"生态保护第一"到"实现生态保护、绿色发展、民生改善相统一"的转变，这个过程中不仅逐渐探索出生态价值实现的机制，也较完美地契合了联合国《生物多样性公约》保护、资源可持续利用、形成公平惠益分享机制的三大理念。

第二节
海南热带雨林国家公园工作
与国际履约的关系

　　2010 年设置的 20 项"爱知目标"[①] 中仅有少数目标被部分实现或取得积极进展，而没有一个目标完全实现，表面上这是目标设置不够量化、缺乏具体引导性规范和资金支持不够带来的问题，更深层次的原因则是"爱知目标"本身以逆转生物多样性丧失为主要目标（20 个行动目标中有 12 个是单纯保护）——侧重于保护的"爱知目标"忽视了生物多样性保护与经济社会发展的内在联系。单纯强调生物多样性本身的保护而与社会发展脱节，这是"爱知目标"没有获得社会广泛重视和参与、造成所有目标均未完成的根本原因。

　　国家公园是中国的"国之大者"，雨林公园是中国第一批国家公园，这说明了雨林公园在中国生态文明建设中的地位。雨林公园建设是国家生态文明试验区（海南）的首要标志性工程，探索建立与自由贸易试验区和中国特色自由贸易港定位相适应的生态文明制度体系，是将生物多样性保护与经济社会发展衔接起来的重要举措。作为与国际接轨最全面的自贸港，海南无疑是中国在联合国《生物多样性公约》履约上的国家窗口，这种履约显然又将主要依托于汇聚了海南陆地生物多样性精华和生态文明体制改革重要成果的雨林公园。经过了生态省建设、国家生态文明试验区建设和雨林公园建设，海南的生物多样性工作明显升级，"海南方案、霸王岭模

---

　　① 2010 年，在日本爱知县召开的联合国《生物多样性公约》COP10 上通过《2011—2020 年生物多样性战略计划》，其中提出 5 个战略目标、20 个行动目标，统称为"爱知目标"。例如，目标 2 是最迟到 2020 年，生物多样性的价值被主流化到国家和地方的发展、减贫战略以及规划过程中，并以适当的方式纳入国家核算与报告体系。这在绝大部分国家未能做到，热带雨林国家公园则不仅在省级层面做到了，还年年发布 GEP 报告，可谓是全球完成目标 2 的典范。

式"有可能为全球履约乃至完成"昆蒙框架"目标提供一种方案①，在海南长臂猿保护上的国际合作并制定合作规则体现了雨林公园开始探索主动牵头、全球共同履约的方式。继续强化这种方案和模式，雨林公园有可能帮助海南省率先完成"昆蒙框架"目标并为全球《生物多样性公约》履约提供样板，从而可能避免全球在"昆蒙框架"实践中又陷入全面未完成的困境。

一 海南生物多样性保护工作的升级

（一）生态文明体制是海南生物多样性保护的依托

生态文明建设是海南生物多样性保护和国家公园体制试点的依托。海南岛相对重要的生态地位和岛屿的空间封闭自成体系，使得中央将其设置为多项国家改革的试验田，其中就包括国家生态文明试验区。2018年4月，《中共中央　国务院关于支持海南全面深化改革开放的指导意见》发布，明确了海南"三区一中心"（全面深化改革开放试验区、国家生态文明试验区、国家重大战略服务保障区、国际旅游消费中心）的战略定位。完整建立生态文明体制，更适合从资源价值较高、建设需求迫切、改革难度较小的区域起步，国家公园体制试点区就是这样的区域。

海南省委、省政府认真贯彻落实党中央、国务院的决策部署，将规划建设雨林公园作为海南自贸港的12个先导性项目之一，将雨林公园作为国家生态文明试验区（海南）的六大标志性工程之一，说明了雨林公园和国家生态文明试验区（海南）休戚与共的关系。显然，雨林公园的改革事关海南经济社会发展改革的全局，这与其他多数国家公园体制试点区仅为生态文明体制

---

① 《海南热带雨林国家公园发展报告（2019~2022）》中将"海南热带雨林国家公园建设的基本经验"总结为四条：胸怀"国之大者"，始终以高度的政治自觉推进海南热带雨林国家公园建设；加强党的领导，发挥中国特色社会主义制度优势；敬畏自然、尊重自然、顺应自然，遵循自然规律科学有效保护自然；着力体制机制创新破解难题，统筹生态保护和民生发展。在国际交流中，这些经验被简称为"海南方案、霸王岭模式"。

改革重要内容形成了对比。

（二）自贸港建设是生物多样性主流化的新机遇

国家生态文明试验区（海南）、海南自贸港是中国全面落实习近平生态文明思想的典型例证。雨林公园体制建设在海南生态文明建设中具有特殊地位，既是海南自贸港的 12 个先导性项目之一，也是国家生态文明试验区（海南）六大标志性工程之一。2021 年 6 月，《海南自由贸易港法》经全国人大常委会审议通过，其中，"生态环境保护"内容单列成章，其他关于促进贸易投资自由便利的章节都有"用生态保护优化贸易政策"的具体条款。这说明了雨林公园及生物多样性保护相关工作①在海南的地位，这是真正的主流化。

具体来说：①国家生态文明试验区（海南）是全国第四个国家生态文明试验区，是海南省生态文明建设的主要形式。雨林公园是其六大标志性工程，且相对禁塑和清洁能源汽车这两项工程更能体现海南生态的国家和国际价值，更能形成区域性整体体现生态文明八项基础制度的局面。这样的区域，有利于全面、整体性地履行《生物多样性公约》。换言之，无论是对国家生态文明试验区（海南）还是中国履约，雨林公园都有望成为先行的样板地。②作为海南自贸港的 12 个先导性项目之一，雨林公园在搭建国际交流平台和与全球动植物种质资源引进中转基地、国家南繁科研育种基地

---

① 例如，推进全球动植物种质资源引进中转基地的建设，编制规划并形成部分研究成果，建立了中转基地的投资项目库。初步拟议 54 个项目，总投资超过 115 亿元，目前正加紧开展监管隔离区的选址工作。强化国家战略资源储备。引入全球优质种质资源，加强种质战略储备及保护，扭转我国种质对外引种储备占比偏低的被动局面，提升国家种质资源国际竞争力，支撑由种质资源大国向种质战略强国转变。塑造海南产业竞争优势。依托全球动植物种质资源引进中转基地，塑造海南开放型产业发展核心竞争力，开展育种科研、种苗繁育、生物农资、动植物制品、医药工程、旅游等，引领海南经济跨越升级。引领种业开放创新发展。聚焦海南自贸港建设，吸引全球要素自由流动，发展种业相关离岸贸易、离岸科技等业态，将种业创新作为品牌标识引领海南自贸港建设，对促进种业国际贸易中心建设，探索种业对外开放具有重要意义。造福全球产业民生发展。探索政策体制创新优势，吸引种质科研与技术服务集聚，面向全球承载种质科研成果输出和种质技术服务提供，支点撬动全球相关产业与民生发展。

等先导性项目之间形成互动配合方面有先天优势，这些都可以为中国完整履行《生物多样性公约》提供支持及成为东南亚国家履约的重要资源和技术平台。若自贸港政策覆盖到生物多样性基因资源的全球交易平台①和公平惠益分享机制平台的总部②，则海南的某个城市有可能成为全球履行《生物多样性公约》的事实上的总部。③海南的生态文明建设工作已经在多方面较好地履约，这走在了全国前列。

国家生态文明试验区（海南）、"生态优先、绿色发展"自由贸易港是全面落实习近平生态文明思想的典型例证，以海南长臂猿保护为代表的雨林公园体制试点工作因为在其中发挥了支柱性、先导性作用而使生物多样性工作真正主流化。这显然使中国的履约具有重大的全球模式创新意义，雨林公园因而在中国履约中具有国家代表性。

（三）国家公园体制优化了生物多样性保护方法

国家公园强调生态系统完整性的保护，这不仅指完整保护作为主要保护对象的生态系统，也指将与生态系统伴生的传统文化和生产方式保护起来，从而有可能依托原住居民社区将保护成果可持续地转化为经济效益，让原住居民成为保护的利益共同体从而形成"共抓大保护"的生命共同体。这不仅在国家公园内形成了山水林田湖草人的生命共同体，还使国家公园周边社区都能据此形成完整性保护局面③。

这样的保护范围扩大和保护力量增强都有制度保障，还带来了管理单位体制、资金机制、社会参与机制的变化并开始建立特许经营机制，这促进了资源的可持续利用和惠益分享的方式多样、力度增大、制度规范。参与式保护，即原住居民共建共享保护成果，以新的社会结构参与到将保护

---

① 在生物多样性基因资源和产品的交易上成为香港那样在货物交易和流通上的自由港。

② 《生物多样性公约》在生物多样性基因资源公平分享上的协议在海南签订且日常办事机构和全球相关大会均在海南某个城市成立和举行。

③ 法国国家公园体制改革的重要手段之一就是以国家公园产品品牌增值体系带动周边市镇形成国家公园加盟区从而"共抓大保护"，中国的国家公园体制试点中也在某些试点区初步形成了这样的局面。

出来的绿水青山转化为金山银山的过程中并首先受益。以正在创建国家公园的广东丹霞山风景名胜区为例，其具体工作涵盖了保护管理、社区发展、科普宣教、生态旅游等四方面内容，且四方面工作内容相互支撑：通过科普产业化和生态旅游实现产业升级和社区居民受益，将几乎都是集体林的保护地与社区形成利益共同体，从而形成"共抓大保护"的生命共同体，让社区居民参与到保护中并直接从保护中受益，在基本不改变土地权属的情况下初步实现了保护地的统一管理、初步实践了生态文明建设。雨林公园的相关工作，尤其是拟在青松乡开展的相关工作，也接近这样的做法。

显然，以国家公园为主体、以国家公园体制为保障的自然保护地体系，真正实现了生物多样性主流化，这在雨林国家公园正在加紧落地，却从未在其他发展中国家实现过。而且，这样的系统方案具有较强的普适性。国家公园统筹践行了"昆蒙框架"的保护思路，这既是国际主流保护理念（Consevation 而非 Protection）的中国实践，也是中国生态文明制度的落地形式，为世界各国认同生态文明理念并践行提供了样板。

雨林公园试点是中央全面深化改革委员会成立后通过的第一个国家公园体制试点，也是唯一的将 32 个中国陆地生物多样性优先区之一完整纳入其中的国家公园体制试点，其试点方案全面体现了生物多样性公约保护、可持续利用、公平惠益分享的目标，对中国履约而言具有全面的国家代表性。在国家生态文明试验区（海南）和海南自贸港建设背景下，雨林公园初步给出了一套平衡保护与发展的可行方案。

作为首批五个正式设立的国家公园之一，雨林公园的相关工作既是国家生态文明试验区（海南）的主体工作和海南自贸港的先导性项目，也大体遵循了"昆蒙框架"的要求并成为海南生态保护工作国际化的龙头，更为 CBD 履约提供了系统化的方案。

雨林公园的相关工作，以旗舰物种保护为龙头形成了国际平台和国际号召力，从横向比较来看①，海南在 CBD 履约和形成生态文明建设的国际号召力上走在了全国前列。显然，这样的做法填补了国内空白。这是雨林公

---

① 包括首批五个正式设立的国家公园及其余的体制试点区。

园致力共建地球生命共同体的明证。

二 旗舰物种相关工作的引导作用

雨林公园的国家地位主要通过生态文明建设和旗舰物种保护体现出来，在目前这个阶段，以海南长臂猿保护为代表的工作和相关体制建设使得雨林公园的体制建设形成了国家层面的特色，也使得雨林公园的工作成为主流发展工作，这为国际社会一直倡导但实践困难重重的生物多样性主流化提供了罕见的案例和具备可复制性的系统化制度建设方案。

海南长臂猿是全球最濒危的灵长类动物之一，种群数量最少时仅有 7只。海南长臂猿的适生环境为海拔 600 米以下的低地热带季雨林，但由于人为活动影响低海拔雨林已基本被破坏。广东省于 1980 年成立霸王岭黑长臂猿省级自然保护区，其于 1988 年晋升为海南霸王岭国家级自然保护区。2019 年开始雨林公园试点后，其集中连片整合了原有自然保护地，原有自然保护地周边天然林、生态公益林被连通起来，海南长臂猿的生境明显改善，2024 年 6 月公布的海南长臂猿数量已经增加到 42 只。海南长臂猿种群恢复是海南生物多样性保护的突出成果，具体保护工作涉及海南生态文明建设和雨林公园建设的成就，这些在第二部分和附件 4 有详细介绍。

就科学角度而言，只有做好海南长臂猿保护工作，才能在起步阶段纲举目张地做好雨林公园工作并带动海南生态文明建设。但过去以自然保护区形式的保护，对海南长臂猿保护而言，保护区范围不全面、体制不到位，无法实现统一高效规范的保护。国家公园从范围、保护理念、体制等方面突破传统自然保护区模式：从范围上根据热带雨林生态系统完整性，建立更完整的保护范围，开展以保护对象需求科学研究为基础的适应管理，在体制上形成统一的"权、钱"保障机制，是拯救濒危物种海南长臂猿的迫切需要，也是保护热带雨林生态系统原真性和完整性的有效途径。在此背景下，各方在国家公园建设中围绕海南长臂猿保护开展了一系列保护行动，完善了海南长臂猿的基础研究和监测体系，布局了长期的保护行为计划。

这些相关研究和保护工作，既是海南长臂猿物种保护的新机遇，也引导了雨林公园和国家生态文明试验区（海南）建设更好地与联合国《生物多样性公约》履约工作衔接。

三　海南热带雨林国家公园工作在国际履约中的作用

雨林公园建设工作不仅全面体现了国家公园体制的要求，也是联合国《生物多样性公约》履约的重要阵地。

海南是我国热带生物多样性保护的重要地区，雨林公园是我国生物多样性的天然宝库和生态安全屏障，肩负着生态系统、物种、遗传三个层次的生物多样性的国家使命。海南省过去四十年在生物多样性保护工作方面取得巨大进展，既包括生态文明制度建设，也包括具体物种与生态系统的保护措施，还包括雨林公园体制改革的实践探索。海南在省级层面全面落实了 CBD 和"爱知目标"的生物多样性保护相关要求，也在不断探索符合 2021 年 10 月 COP15 大会第一阶段成果《昆明宣言》承诺的有效实践举措。

中国作为负责任大国和"昆蒙框架"的牵头提出者，探索履约模式、打造率先履约示范地责无旁贷，中国的若干案例地率先完成 2030 年行动目标也不可或缺。海南以旗舰物种海南长臂猿保护为龙头打造了国际合作平台和提升了国际号召力，这样的做法填补了国内空白，成为国内率先履约的示范地。在 CBD 履约中，雨林公园作为空间保护单元，是我国实现"3030 目标"的重要组成部分，对避免受威胁物种灭绝（以海南长臂猿为代表的保护成效）等具有示范意义。海南在生物多样性保护过程中，更加注重资源的可持续利用及惠益分享，让各利益相关方（包括黎族原住居民）均能从绿水青山转化为金山银山的过程中受益——霸王岭模式、青松乡实践等都是人类可持续利用生物多样性及惠益分享的典型案例。生物多样性主流化的成功经验，与"昆蒙框架"2050 年长期目标 C 的思路一致（"昆蒙框架"保护发展目标相关内容见附件 2）。以国家生态文明试验区（海南）和海南自贸港建设为依托，将生物多样性纳入海南省经济社会发展的各环节，将使雨林公园率先成为"人与自然和谐共生"的生态空间。

四 "昆蒙框架"目标对海南提出的新要求

"昆蒙框架" 2030 年长期目标包括三个：减少对生物多样性的威胁、通过可持续利用和惠益分享满足人类需求、执行工作与主流化的工具和解决方案相衔接。简单来说，这三个长期目标对应三条基本的发展思路——保护方式创新、发展方式创新、治理机制创新。海南既有的相关工作成果是不错的①，但未来还要面对新要求。

（一）持续推进生物多样性主流化工作

保护方式创新：以生物多样性主流化为根本手段，探索以绿色发展推进高质量保护的新路。借助国家生态文明试验区（海南）的改革优势和海南自贸港的法规制定权力，将生物多样性保护融入海南省经济社会发展建设主体工作的过程。发挥政府的主体作用，建立起生物多样性保护的压力和动力机制，引导企业、社区和公众自觉参与。

提升生物多样性保护水平。整体性推进海南生物多样性保护工作，以雨林公园建设为基础，在海南省全岛推进生物多样性保护工程，推动生态空间、生活空间和生产空间协调，在重点区域（包括国家公园外部）加强生物多样性管控工作，采取其他有效的基于区域的保护措施（Other Effective area-based Conservation Measures，OECMs）避免生物多样性丧失。确保生物物种可持续利用，确保农业、水产养殖、渔业和林业领域得到可持续管理，降低海洋酸化对生物多样性的影响。

以旗舰物种和指示物种——海南长臂猿的就地保护工作，覆盖海南热带雨林栖息地的整体保护修复，发挥旗舰物种"伞护效应"，实现生物多样

---

① 对这种"不错"，可以套用 2023 年海南热带雨林国家公园建设工作推进小组第 1 次会议上对热带雨林国家公园设立两周年的整体评价："初步形成联动合力，体制机制创新成效初显，国家公园生态系统质量明显提升，特别是长臂猿数量连年实现小幅增长。"

性保护效益的最大化。利用旗舰物种的知名度，引导社会生态保护力量积极参与到生物多样性工作中，推动生物多样性的公众认知。

（二）探索生态产品价值实现机制，探索可持续利用新方法

发展方式创新：统筹生态保护、绿色发展和民生改善，探索海南热带雨林的生物多样性主流化及"两山"转化模式，确保农业、水产养殖、渔业和林业领域得到可持续管理，推进生态产品价值实现。

倡导绿色生产生活行为。推动生物多样性要素转化为全域高附加值旅游的生产要素，在民宿等业态和旅游、餐饮等行业普及绿色积分等形式，形成绿色生活习惯。丰富"两山"文化能力建设以及宣教形式。配合绿色高质量发展任务，加强自然教育、生态体验等业态培育，将海南打造为生物多样性体验目的地和生物多样性体验地，建设智力输出基地，为全国生物多样性体验地建设与发展提供模式示范。

（三）优化体制机制，形成以政府为主导的生物多样性主流化格局

治理机制创新：围绕"昆蒙框架"开展生物多样性保障机制建设，借助国家生态文明试验区（海南）及海南自贸港建设机遇，形成以雨林公园管理局为主导的生物多样性保护制度体系，切实推进雨林公园生物多样性保护与可持续利用。继续深化国家公园体制改革，推动雨林公园管理局落实"两个统一行使"。建立生物多样性主流化跨部门协调机制，不断完善海南各地区各部门生物多样性保护工作机制和目标责任考核机制。健全生物多样性保护法规政策体系，建立完善以国家公园为主体的自然保护地体系，制订并组织实施生物多样性保护战略行动计划，持续优化生物多样性保护空间格局。利用"两山平台"建设机遇，引导企业、当地居民、志愿者等各利益相关方深入参与生物多样性保护工作。

第二部分
海南热带雨林国家公园的
生物多样性主流化成就
及其对生态文明建设的作用 ▷▷

生物多样性主流化是目前国际生物多样性保护的主要手段（严格而言，是手段，不是目标），是联合国《生物多样性公约》的重要内容、"昆蒙框架"2030 年行动目标的重要组成部分。其内涵是将生物多样性工作纳入国家和地方政府的经济社会发展主体工作中，也包括纳入企业、社区和公众的生产生活中①。从全球各国的实际工作看，生物多样性主流化存在着普遍难点：没有形成各方参与的局面且政府主导力量不足，没有形成支持各方参与并各尽其长、各尽其责的体制机制，这也是全球总体上没有完成"爱知目标"的直接原因。而海南是全国唯一的将国家公园纳入主要发展工作（而不只是保护工作）的省份（与自贸港和国家生态文明试验区挂钩），这也是生物多样性主流化工作在全球的创新。

----

① 联合国《生物多样性公约》第六条明确规定，为保护和持久利用生物多样性制定国家战略、计划或方案；尽可能并酌情将生物多样性的保护和持久利用纳入有关部门或跨部门的计划、方案和政策内。

第一节
生物多样性保护主流化的全球难点

只有分析雨林公园与国际目标的关系，才能跳出海南看国家公园；只有分析生物多样性工作的全球难点，才能发现雨林公园的工作重点并提炼出言之有据的亮点。生物多样性主流化是全面践行联合国《生物多样性公约》保护、资源可持续利用、形成公平惠益分享机制三大理念最有力的保障，但许多国家的各方对于生物多样性主流化持多元立场：一方面，生物多样性在生产部门的主流化可以有效提高生物多样性的保护成效、避免生产活动对保护的不利影响，如对农业、林业、渔业和旅游业提出生物多样性保护要求；另一方面，生物多样性在生产部门的主流化也会引发多方对其影响经济增长的担忧，现实中有不少缔约方的支柱行业拒绝配合完成生物多样性保护要求。除了这种多元立场，全球的主流化工作还有两方面共性难点。

一　没有形成各方参与的局面且政府主导力量不足

主流化意味着社会各界的全面参与，而这种全面参与需要政府主导才可能真正调动各方并形成合力①，对企业和公众而言就是能感受到政府形成的动力和压力，对政府而言就是要有统一的行动框架并据此主导各方。这个一致性框架应该能够统一各个行业和组织的行动，并提供一套通用的原则和指导方针②。如果缺乏统一的标准和规范，实施生物多样性主流化时可

① 根据 CBD 的界定，生物多样性主流化以政府层面为主导。推动生物多样性战略层面的主流化，需要立足国情实际科学制定避免、减缓或恢复生物多样性的治理目标，从国家角度出台生物多样性战略与行动计划，使国家行动目标与全球目标保持一致，真正参与到全球协同行动中。

② 包括确定和评估生物多样性价值的方法，确保各种行为体能够有效地采取行动来保护和维护生物多样性，以此确保生物多样性主流化的可持续性和长期性。其中需要有充分反映市场供求和资源稀缺程度的估值技术标准，以此来评估生物多样性和生态系统服务的综合损益，这为政府决策和执行提供更科学的依据和技术支持，有助于从源头上防控生物多样性丧失和生态系统服务功能退化。

能会出现政策的频繁调整和变化，从而影响政策的连续性和稳定性。这会使得生物多样性主流化的效果难以持久。

许多国家的政府对生物多样性的认识不足而且政府能力有限①，难以推动各方都重视生物多样性保护工作并参与进来。而且，政府层级不同、利益结构也不同：即便高层级政府重视，更多关注眼前经济利益的低层级政府以及政府各部门也因为利益结构不同而难以真正地重视，同时在生物多样性保护工作的实际执行的过程中，各层级政府及政府各部门存在职能交叉、权责不明等情况，这割裂了生物多样性保护的整体性，使政府调动并监督各方参与生物多样性保护工作的能力明显降低。例如，法国生物多样性署（OFB）是欧洲乃至世界上第一个中央级别的、真正运行的专职于生物多样性保护的机构（其也直接管理法国 11 个国家公园）。依据相关法规，OFB 由法国生态转型部、农业部、粮食部共同监管，但最终由哪个部门负主责并提供相关行政资源却不明晰。大部制改革在带来集约效果的同时也放大了法律供给的不足和中央-地方政府间的矛盾：地方政府认为中央层面的法规与政策不适合当地情况而拒绝 OFB 的进入，同时 OFB 又因为无权管理地方所有的土地而难以发挥其功能。利益冲突以及央地矛盾，使得 OFB 与激进主义者和民间团体间摩擦不断②。

对另一个重要的参与方企业而言，在没有眼前经济利益且既有社会责任框架以及 ESG（Environmental, Social and Governance，环境、社会和公司治理评价体系）对生物多样性还没有高度重视的情况下，企业较少参与到完成生物多样性目标的承诺计划中，目前还远远不如在气候变化方面的参

---

① 许多实行大范围票选制的国家在确定政府重大事项乃至政府换届时，高度重视民意取向或影响较大的利益集团取向，这样在多数国民没有认识到某项事务重要性的时候就不会将这项事务列为重大事项，这对一些需要前瞻性的重大事项（如应对气候变化、生物多样性保护等）就容易形成国民认知不够—政府不敢引导认知—国民认知继续不够的恶性循环。在前述各方对于生物多样性主流化持多元立场的情况下，这种情况的负面后果会尤其明显。

② OFB 具有独立法人资格，具有执行和监督政策实施的权力，理论上可以在自主判断的基础上制定全国的生物多样性保护政策，但实际上能力不足，常常妥协于现实压力。法国《世界报》就披露多起针对 OFB 执法人员的人身威胁事件；法国自然环境协会也曾刊文批评 OFB 没有顶住来自猎人协会的压力而给予其过多的理事会成员名额。

与具有广度和深度。截至 2023 年，在标准普尔欧洲 350 指数中的大型公司中仅有约 30% 设定了生物多样性目标。在亚太地区和美国主要上市公司中，设定与自然保护相关目标的公司比例更小①。

对很多国家的公众而言，政府因为驱动公众的手段和力量有限，也不易调动公众参与的积极性，公众对于生物多样性的关注度和知晓度普遍不够，不仅非法放生、弃养等损害生物多样性行为仍存在，社会组织和个人保护力量也没有充分参与到生物多样性保护、对企业和政府的监督以及扶持生物多样性重要区域的社区发展方式转型中。最后一方面的问题尤为重要：随着昆蒙框架行动目标 22 将公平性问题纳入，公平治理已成为世界自然保护地的重要目标。通过自然保护地共同管理为生物多样性保护、当地居民和地方社区提供潜在的互惠利益仍然具有挑战性，伙伴关系不平等的安排经常产生不公平的结果，使当地居民和社区的利益被边缘化。例如，三江源国家公园被划入国家公园范围的牧民群众在生态管护公益岗位工资及社区绿色发展等方面得到实惠②，其对国家公园建设持积极态度；而未被划入国家公园范围的牧民群众（如曲麻莱县 12 个行政村、玛多县 8 个行政村）与入园牧民相比，享受的政策差别较大，态度则并不积极。

二　没有形成支持各方参与并各尽其长、各尽其责的体制机制

主流化还意味着有保证各方充分参与并形成合力的长效保障机制。从体制机制角度而言，主流化的核心是使得完成生物多样性保护的主要目标（如"昆蒙框架"）成为各方决策时考虑的主要因素，且形成足以影响各方决策的动力、压力。

目前对参与各方来说，存在如下问题。首先，政策驱动力缺乏。尽管

① 资料来源：国际评级机构标准普尔。
② 三江源国家公园范围内的牧民，享受一户一岗的生态巡护员待遇，每岗每年 21600 元工资性补助，且国家公园范围内的牧民有超过千户因为参与到生态体验特许经营中受益，这都是国家公园外的牧民没有的收入渠道。

主流化的体现是生物多样性保护行动成为相关方的工作目标或制定工作目标时的重要考虑因素，但有两个原因使得这种目标难以实现：①在宏观决策中生物多样性保护的政治优先度较低，往往要让位于经济和其他社会政策；②因为没有配套的奖惩措施，多数国家已经制定的各方面的行动规划无法直接转化为实施动力，通俗地说就是相关保护目标既缺经济方面的支持也非刚性措施。这一点，实际上从《生物多样性公约》对缔约方履行义务的规定及履行条款的具体内容就可看出——《生物多样性公约》是一个"硬的"多边条约法与"软的"履行基础的结合。其次，尽管生物多样性目标的重要性和价值都毋庸置疑，但是相对于量化的气候减排目标，生物多样性目标缺乏清晰的衡量标准和具体的量化措施，也未能向各参与方提供具体行动目标的指引和规划，对各参与方的约束力和监管强度较弱，这样既难形成制度合力也难真正让各方发挥其长处。如昆蒙框架行动目标 21 提到参与各方需要把生物多样性的教育、监测、研究和知识管理工作放在重要位置，英国将生物多样性要求纳入空间规划政策中，强调自然是一种重要的资产，对不同价值的资产实行不同的管控，以此更好地平衡保护和发展的关系；但这种差异化的管控政策使得生物多样性保护责任主要依赖有土地管制权的地方政策工具，在无有效监管也无对参与方根据贡献值差异化的绩效补贴的情况下，这种看似有效的措施却没有真正的机制保障。

综上所述，全球生物多样性主流化面临的问题是没有形成各方参与的局面且政府主导力量不足，没有形成支持各方参与并各尽其长、各尽其责的体制机制，影响和阻碍了全球生物多样性主流化进程。如何使生物多样性保护与经济社会发展相得益彰，中国的生态文明体制改革和国家公园体制试点提供了制度保障：①《生态文明体制改革总体方案》中提出的生态文明八项基础制度，从前端的自然资源资产产权、国土空间用途管制权等刚性赋权，到中端的生态补偿和市场力量介入，再到末端的综合执法制度和领导干部政绩评价、责任追究制度，形成了覆盖各层级政府和政府各部门完成生态文明目标的奖惩兼备、责权利相称的刚性制度，这使政府具有足够让生物多样性主流化的主导力量；②国家公园体制试点，使生态文明体制率先在国家公园体制试点区及其相关的市县政府构建起来①。海南是中国四个国家生态文明试验区之一，雨林公园是中国第一批国家公园，这使海南在形成各方参与的局面以及通过政府大力主导形成支持各方参与并各尽其长、各尽其责的体制机制上具备较好的条件。

---

① 我国在生物多样性就地保护、政策立法、执法监管等方面取得了长足进展，但还没有根本遏制生物多样性总体下降趋势，主要是因为我国生物多样性还没有完全主流化，没有与生态文明体制改革充分结合起来，且生态文明八项基础制度建设也还在半坡中。

第二节
海南热带雨林国家公园的生物多样性主流化、方法改进和体制改革

雨林公园作为海南生态文明建设的先锋，在推动全省生物多样性主流化上有基础、有成效。基础指的是海南过去二十年在生物多样性保护工作上的巨大进展：不仅有保护区体系的完善和森林公安等执法队伍领先全国的制度化建设，也有可上升到与国际接轨的生物多样性保护工作主流化的各项制度安排（海南生物多样性保护改革的历程和经验见附件3）。成效最直接的标志就是作为最濒危灵长类物种之一的海南长臂猿的数量稳定增长、栖息地不断扩大、保护地与社区的关系进一步和谐。在这些工作的基础上，与国家基本同步，海南也开始了国家公园体制试点工作，且在十个试点中后来者居上，进入第一批五个国家公园之列。

一 雨林公园的生物多样性主流化

雨林公园以海南长臂猿保护为代表的工作和相关体制建设初步走出了生物多样性主流化的海南之路，即将国家公园作为省级层面全局性工作，组合融入全省经济发展（自贸港）、体制改革（国家生态文明试验区）的主体工作，从而在实践层面形成了海南全省的合力，改变了以往保护部门和保护地基层政府单打独斗、独木难支的局面，也正好与前述全球生物多样性主流化的两个共性难点形成了对比：初步形成了各方参与的局面且在党委、政府强力主导下初步形成了支持各方参与并各尽其长、各尽其责的体制机制。这使得雨林公园的工作成为主流发展工作，也为国际社会一直倡导但实践困难重重的生物多样性主流化提供了珍贵的案例和具备一定可复制性的系统化制度建设方案。

国家公园体制改革一直是生态文明建设的"排头兵"。自上而下看，国家公园体制改革，针对原保护地体系"权、钱"相关体制的关键问题，在建立统一事权、分级管理体制上有了进展，初步完成了党的十八届三中全会提出的统一行使全民所有自然资源资产所有者职责①的任务；自下而上看，各试点区基本完成了空间整合和机构整合，在缓解保护区保护和社区发展矛盾、推动社会公益活动、开展生态旅游项目、吸纳社会绿色融资、挖掘生态产品价值等方面取得了一定的成效，完善了自然资源资产管理制度，通过制度设计引导自然资源价值化的实现，发挥其资产属性。这种改革思路，一方面会促进以统一、规范、高效管理和保护为主的全民公益目标的实现；另一方面探索国有自然资源资产隐藏的公共财富，将对我国生态经济的高质量发展起到难以估量的作用。国家公园体制试点以来，国家公园体制改革不断摸索、调整，已逐渐形成**符合中国国情、具有中国特色的自然保护地体系发展道路：自然保护地以国家公园为主体、以国家公园体制为保障**。只有体制改革到位，自然保护地才可能处理好人地关系、园地关系，才可能形成"共抓大保护"的合力，从而使生物多样性主流化得以实现。否则，建再多的保护地体系，都只是多挂牌子，改变不了保护地的边缘地位、解决不了现实问题。

最晚开始试点的雨林公园，各项体制机制改革工作进展较快，且在生物多样性主流化上通过以下两方面工作形成了在全国国家公园中领先的特色。①雨林公园体制建设在海南生态文明建设中有特殊地位，既是海南自贸港建设 12 个先导性项目之一，也是国家生态文明试验区（海南）六大标志性工程之一。2018 年 4 月，《中共中央　国务院关于支持海南全面深化改革开放的指导意见》为海南明确了**"三区一中心"**的发展战略定位。2018年《中国（海南）自由贸易试验区总体方案》确定了基础保障类、产业类、生态文明建设类三方面 12 个项目，雨林公园是其中之一。②国家生态文明试验区（海南）先后确立雨林公园、清洁能源岛和清洁能源汽车推广、"禁塑"、装配式建筑、"六水共治"、博鳌零碳示范区六大标志性工程。这说明

---

①　《中共中央关于全面深化改革若干重大问题的决定》，2013 年 11 月 12 日。

了雨林公园及生物多样性保护相关工作①在海南的地位：雨林公园对于海南建设国家生态文明试验区具有优先示范作用，对自贸港建设具有先导作用，**雨林公园体制试点工作因为在其中发挥了支柱性、先导性作用而使生物多样性工作真正主流化。**

雨林公园初步形成了省级党委和政府与国家局共同主导、企业和社会等多方参与，并各尽其长、各尽其责的体制机制。

首先，雨林公园的建立是海南省级党委和政府和国家林草局共同主导的并有专门的省级工作推进小组负责从省级统筹解决具体工作问题，这是第一批五个国家公园中唯一的。建立国家公园体制，是以习近平同志为核心的党中央站在中华民族永续发展的战略高度作出的重大决策。习近平总书记等中央领导同志亲赴海南实地考察指导，对高质量建设雨林公园提出明确要求。雨林公园建立了海南省人民政府与国家林草局双重领导制度和相关工作机制（局省联席会议协调推进工作机制），并在试点期间成立的海南热带雨林国家公园建设工作推进领导小组基础上于 2023 年成立了海南热带雨林国家公园建设工作推进小组，专门从省级层面推动国家公园正式设立后的具体工作。这种"高举高打"的领导体制使得海南热带雨林国家公园在正式设立后有若干工作走在了全国前列，可举两例：①第一批五个国家公园的总体规划在 2023 年 8 月第二届国家公园论坛正式发布后，依据总体规划制定的海南热带雨林国家公园的四项专项规划《生态保护修复专项规划

---

① 例如，海南自贸港建设 12 个先导性项目中的推进全球动植物种质资源引进中转基地的建设，编制规划并形成部分研究成果，建立了中转基地的投资项目库。初步拟议 54 个项目，总投资超过 115 亿元，目前正加紧开展监管隔离区的选址工作。强化国家战略资源储备。引入全球优质种质资源，加强种质战略储备及保护，扭转我国种质对外引种储备占比偏低的被动局面，提升国家种质资源国际竞争力，支撑由种质资源大国向种质战略强国转变。塑造海南产业竞争优势。依托全球动植物种质资源引进中转基地，塑造海南开放型产业发展核心竞争力，开展育种科研、种苗繁育、生物农资、动植物制品、医药工程、旅游等，引领海南经济跨越升级。引领种业开放创新发展。聚焦海南自贸港建设，吸引全球要素自由流动，发展种业相关离岸贸易、离岸科技等业态，将种业创新作为品牌标识引领海南自贸港建设，对促进种业国际贸易中心建设，探索种业对外开放具有重要意义。造福全球产业民生发展。探索政策体制创新优势，吸引种质科研与技术服务集聚，面向全球承载种质科研成果输出和种质技术服务提供，支点撬动全球相关产业与民生发展。

（2024-2030年）》《交通基础设施专项规划（2024-2030年）》《生态旅游专项规划（2024-2030年）》《自然教育专项规划（2024-2030年）》已在2024年由省政府发布实施，这在国家公园中是唯一的。②从省级层面统筹解决了所有国家公园（包括创建区）都存在的历史遗留问题，包括生态移民搬迁、人工商品林处置、集体土地和国有土地置换、矿业权退出、小水电站退出五方面（简称人林地矿水），即核心保护区中的居民全部完成了搬迁，其他四方面问题都形成了省级统筹的解决方案，这在国家公园中也是唯一的。在具体运行层面，建立了扁平化的管理体制，即在海南省林业局加挂海南热带雨林国家公园管理局牌子，整合原有的19个自然保护地，设立尖峰岭、霸王岭、吊罗山、黎母山、鹦哥岭、五指山、毛瑞7个管理分局。另外，雨林公园注重"园地融合"，建立国家公园管理机构与属地市县政府工作协调机制，园依托地保护、地依托园发展的局面初步形成。其次，雨林公园初步形成了全社会共建共管共享新模式。一方面，国家公园提供了企业、非政府组织等社会力量开展生物多样性保护相关工作的平台。如"云享自然"生态体验企业探索在吊罗山、霸王岭等分局设计自然教育项目；蔚来公司在雨林公园提供智能电动汽车及补能设施；阿拉善SEE公益组织、江铃汽车集团签署国家公园巡护用车捐赠协议，助力园区生态巡护。另一方面，国家公园初步建立了志愿者管理制度和机制，会同有关部门建立健全志愿者服务机制，制定志愿者招募与准入、教育培训、管理与激励的相关政策和措施。2022~2023年，在五指山等5个国家公园所在市县成立雨林公园青年志愿者服务队，总人数达到576人，累计发动1000余人次、8300多小时的志愿者服务活动。

专栏2-1　雨林公园的自然教育活动

"以自然为师，与万物为友"是雨林自然教育的正确"打开方式"。自雨林公园体制试点启动以来，多种形式的自然教育课堂先后走进学校、走进社区、走进乡镇，在传播国家公园理念的同时，也提高了公众生态保护意识。通过自然教育进校园活动培养当地青少年对大自然的兴趣，引导他们热爱大自然，热爱雨林公园，提高他们保护生物多样性和生态环

境的意识，这对保护工作的可持续性具有重要意义。科普教育进校园选取白沙县的4所初中进行宣讲，是因为白沙县邻近海南长臂猿分布的区域，近年来海南长臂猿呈现逐年增长的趋势；同时立足于海南考虑，海南的高校理所应当成为了解和宣传海南长臂猿保护的阵地，该宣讲也可以吸引同学们成为海南长臂猿保护宣传的志愿者，大学毕业的学生未来也可以投入雨林公园的建设和保护中。

2023年10月23日琼台师范学院

2023年10月23日海南师范大学

2023 年 10 月 24 日海南医学院

2023 年 10 月 27 日白沙县金波实验学校

2023 年 10 月 30 日邦溪中学

2023 年 10 月 30 日白沙思源实验学校

2023 年 11 月 27 日白沙县七坊中学

二 雨林公园保护方法改进——以旗舰物种长臂猿为例

雨林公园成立后，海南长臂猿的保护理念和措施有了进一步升级（国家公园建设海南长臂猿保护经验与成效见附件4），基本形成了发展方式和治理结构的协同创新，这也是生物多样性主流化过程中保护方法的改进。

（一）以多方参与的监测和生境修复为抓手的体系化保护

（1）海南长臂猿的日常监测巡护体系

制定**《海南热带雨林国家公园科研监测专项规划》**。在吊罗山、黎母山、尖峰岭、毛瑞、霸王岭等国家公园分别开展电子围栏试点建设，完成智慧雨林项目建设和启动"天空地"一体化监测体系建设。开展红外相机公里网络式监测，更好地监测野生动物种群分布和增长情况。目前霸王岭林区已安装布设 300 余台红外线监控相机，将为海南长臂猿个体识别保护工作提供更翔实的影像信息与科研数据，建立起科学有效的海南长臂猿保护和研究机制。

编制《海南热带雨林国家公园监测体系建设规范》，建立统一的监测信息平台。初步构建起覆盖雨林公园各片区的"森林动态监测大样地+卫星样地+随机样地+公里网格样地"四位一体的热带雨林生物多样性系统。在雨林公园内尖峰岭（西南部）、霸王岭（西北部）、吊罗山（东部）和五指山（中部）开展了热带雨林生态系统水文、土壤、气象和生物多样性等要素长期定位观测，为热带雨林生态系统"天然碳库""绿色水库""空气净化器""天然氧吧"等服务功能和评价估值提供重要支撑。目前生物多样性监测样地覆盖雨林公园各个区域、海拔及植被类型。特别是，利用公里网格样地系统布样方法，监测了五指山、尖峰岭和霸王岭全域范围的热带雨林生物多样性；在尖峰岭建设了国际上最大的（60 公顷）长期定位观测样地，在霸王岭建设了 30 多公顷涵盖了所有天然林植被类型的生物多样性监测样地以及 20 余公顷的天然林恢复观测样地。

印发《海南热带雨林国家公园标识体系标准化建设规范》，编制完成《海南热带雨林国家公园管护站点建设工程项目可行性研究报告》，已在国家公园重点地段设置界碑界桩，修缮巡护便道 20.9 公里，新建生态环境教育栈道 7.2 公里。完成《海南热带雨林国家公园防火体系一体化咨询方案》。在尖峰岭、黎母山和毛瑞等分局试点建设电子围栏。

印发并实施《海南热带雨林国家公园巡护管理制度》，**推行网格化管理。**按照人均约 4000 亩的标准将雨林公园内林地分成若干个林斑，将管护责任落实到每个管护人员，落实到山头地块，共聘请 2343 名管护人员参与森林资源管护，其中聘用当地居民 1350 人。国家公园的监测手段更加多元化，已经可以利用无人机、GPS 技术、奥维系统对试点区内珍稀物种进行定位实时监控。

（2）海南长臂猿种群调查

海南从 2003 年开始进行专门的海南长臂猿种群调查，旨在对海南长臂猿种群和栖息地的最新状况进行摸底。雨林公园霸王岭片区组建 18 人海南长臂猿专职监测队，于每年 10 月定期开展海南长臂猿种群调查。以 2022 年 10 月的调查为例，共设置 9 个驻点和 20 个监听点，监测覆盖 A、B、C、D、E、F 群和有可能出现的独猿，覆盖面积达 4 万余亩，其中 F 群为 2023 年 4 月新成立的家庭群。2022 年 10 月同步启动海南长臂猿新繁殖单元生态学长期监测及其伞护成效评估，通过布设 120 台红外相机，使用热成像仪、激光雷达等设备探讨 E 群分布范围、栖息地结构和适宜度。2024 年 2 月官方公布的种群数量已上升到 7 群 42 只。

（3）热带雨林生态系统的保护和修复

针对海南长臂猿面临的主要威胁，雨林公园采取了封山育林、生态搬迁、林地修复、项目退出、封闭道路、构建生态廊道等方法和措施恢复热带雨林生态系统等自然生态空间。雨林公园管理局对海南长臂猿的栖息地进行了改造修复。通过恢复天然林、改造次生林，陆续改造修复海南长臂猿栖息地 300 多公顷，种植各类海南长臂猿喜食的乡土树种超过 30 万株。海南长臂猿的活动范围由相对高海拔地区向低海拔地区过渡，由原始林向次生林发展。

建立生态廊道，扩大海南长臂猿潜在栖息地。尽管海南长臂猿活动范围明显扩大，但和平均每个种群 200~500 公顷的活动面积相比明显拥挤，雨林公园管理局正在规划通过自然恢复、人工辅助修复、猿食植物补植等措施建设生态廊道，连接斧头岭等现有栖息地和黑岭、雅加大岭等潜在适宜栖息地。将潜在栖息地扩大到 8525 公顷和 1295 公顷的两大斑块和几个小斑块，并连接成面积逾万公顷的海南长臂猿栖息地。根据《海南长臂猿生态廊道试点项目实施方案》，雨林公园管理局已完成 800 个树穴挖掘、长臂猿喜食植物苗木采购和空中廊道建设绳索的采购，并已启动空中廊道主体部分的安装工作，海南长臂猿生态廊道试点建设有序推进。

创新利用树冠绳桥，改善长臂猿的栖息地。 为了减少滑坡给海南长臂猿 C 群①生命带来的风险和猿群活动造成的影响，香港嘉道理农场暨植物园参与制定了**滑坡植被恢复以及搭建人工树冠通道（Canopy Bridge）的方案**并着手实施。在各处滑坡种下约 1200 棵本土树种的树苗，以促进植被恢复，用攀山级别的绳索为长臂猿架设了绳桥，连通了 C 群长臂猿的必经之路，**这是中国首个在破碎化长臂猿栖息地搭建的树冠绳桥。**同时安装两部红外相机进行绳桥效果的监测与评估。国际上，通过建设人工树冠通道来连接破碎化森林的保育项目与日俱增，但通过建设绳桥改善长臂猿的栖息地，不仅在国内尚属首次，全球范围内也鲜有应用。相关内容的学术成果也发表在 *Nature* 子刊 *Scientific Reports* 上。树冠绳桥项目的成功仅是初步探索，雨林公园的生态廊道正在朝体系化方向迈进。《海南热带雨林国家公园生态廊道建设方案》已通过专家评审，该方案结合现场勘查，应用地理信息系统等技术，确定生态廊道的建设位置和规模。截至 2023 年，在海南长臂猿现有和潜在栖息地范围内及周边选择河流、沟谷、道路断崖、滑坡等阻隔区域新建绳索廊道 21 处。

加紧生态修复的科学研究，为海南长臂猿栖息地恢复提供技术支撑。海南国家公园研究院开展了海南长臂猿栖息地及其他热带雨林生态修复研究，从海南长臂猿栖息地监测体系建设、海南长臂猿适宜生境的植被和景观特征分析、海南长臂猿退化生境恢复技术及示范、海南长臂猿生态廊道构建有效性及生态系统质量评价等方面开展技术攻关。研究成果为当前及未来海南长臂猿种群生存和扩张提供了重要的科技支撑。开展海南长臂猿退化生境修复技术及示范研究，根据栖息地退化状况，开展退化生境的修复和退化人工林改培，提高退化生境的恢复速度和恢复质量，为海南长臂猿的猿食植物和栖息植物更新、生长创造更加有利的条件。重点解决海南长臂猿潜在分布区退化栖息地的植被修复技术难题，提出针对人工林和次生林不同林分特征的生态修复技术方案，提出重要猿食植物繁殖技术方案、

---

① 2014 年第 9 号超强台风"威马逊"，这一新中国成立以来登陆的最强台风对霸王岭保护区造成了多处破坏，对海南长臂猿 C 群栖息地的影响尤为严重。

野外补植和搭配技术方案。

（二）完善传统依据资源类型或元素为目标的保护和管理方法

雨林公园完善了传统依据资源类型或元素为目标的保护和管理方法，以海南长臂猿保护为主线，从长臂猿生活行为链、食物链和"人-长臂猿系统"的完整性考虑，通过完整性地保护长臂猿行为链、食物链来维持整个生态系统的长期可持续性，从而将雨林公园的科研监测、体制改革、社区发展等各项工作串联起来，带动热带雨林生态系统原真性和完整性保护，落实国家公园的建设目标。

这一突破性的方法改进在《海南长臂猿保护行动计划》[①] 中有系统反映。这个行动计划反映了雨林公园目前和未来五年的保护工作进展情况和谋划情况：从热带雨林生态系统完整性角度出发，开展旗舰物种和指示物种海南长臂猿及其栖息地的保护和恢复工作，以长臂猿保护为主线，开展种群复壮的科学技术研究；开展栖息地修复和优化工作；开展海南长臂猿及栖息地监测与数据库的建设；在海南长臂猿栖息地周边建立海南长臂猿保护主基地；资源合理利用和可持续发展，将长臂猿保护与周边资源合理开发结合，协调长臂猿保护与社区发展矛盾，形成保护和可持续发展相融合的态势。这种保护和管理方法在人地关系上强调根据长臂猿的行为空间特点适应性处理调控保护与利用关系，不是排斥性管理方法，不是要保护就必须搬迁社区的机械论价值观，而是通过科学理解长臂猿行为需求、栖息地和廊道安全格局，采取适应性管理缓解保护与利用、发展的矛盾。同时，把社区居民纳入保护地统一的生态系统中考虑。

（三）通过绿色发展缓解保护与发展的矛盾——以王下乡为例

正确把握生态保护与经济发展的关系，挖掘生态保护蕴含的潜在经济价

---

① 2020年8月20日至21日，海南长臂猿保护国际研讨会在海口举行，会上发布《海南长臂猿保护行动计划框架》，提出海南长臂猿保护目标。其后，海南国家公园研究院将这个框架细化形成《海南长臂猿保护行动计划》。

值是长臂猿保护过程中极为重要的一点。海南省昌江县王下乡地处雨林公园霸王岭片区腹地。过去，王下乡群众为了生存不得不砍伐山林以种植水稻和玉米，不仅对当地生态环境构成了严重威胁，生产也很难发展起来。现在，王下乡依托得天独厚的生态环境资源和黎族特色文化优势，积极探索"两山"理念转化的实现路径——产业生态化、生态产业化，走出了一条人与自然和谐共生之路。2018 年王下乡获评全省首个全国第二批"绿水青山就是金山银山"实践创新基地，2019 年启动王下乡"黎花里"文旅项目，发展生态旅游、乡村旅游，2022 年王下乡洪水村委会俄力村获评"第四批全国乡村旅游重点村"，2023 年浪论村获评全国乡村旅游精品线路、王下乡获评海南省旅游小镇。

2022 年 4 月，由昌江县委主导，多部门组成的"打造王下乡乡村振兴样板工作专班"成立，继续聘请专业团队以文化为魂进行顶层设计、策划"黎花里"四期开发，并统筹解决乡村振兴样板打造工作的重点难点问题，持续推动乡村振兴样板建设。通过文化与生态相互赋能，"黎花里"文旅小镇成为新晋的网红"打卡地"。文旅企业也循声而来，按照"政府引导+群众自愿+市场运作"的合作模式，吸引浪论村集体"土地入股"，共同打造"浪悦黎奢"主题民宿，并带动"黎山麓"驿站、山兰酒作坊、黎家生态餐厅、浪悦咖啡驿站等商业项目，文旅产业要素纷纷集聚，有效盘活当地集体资金资产。根据王下乡政府的统计，2022 年，王下乡共计为全乡 4 个行政村发放约 154 万元的集体经济分红，在全县范围内率先实现集体经济分红，激发王下人对美好生活的向往。"王下乡·黎花里"于 2020 年 5 月开始运营，截至 2023 年 5 月，王下乡接待游客累计约 45.34 万人次，旅游经济收入 7500 余万元，拉动全乡 2022 年人均 GDP 突破 2.2 万元，高于全县平均水平，让绿水青山真正变成了村民们的"金山银山"，持续打造"生态宜居、生活富裕"绿色可持续高质量发展的乡村振兴样板。

2022 年 9 月初，昌江山海互通旅游公路全线贯通，总长度约 81.63 公里的公路仅在王下路段就设置了 78 处错车道，改写了王下乡出入必堵车的历史，为旅游发展提供了强有力的支撑。此外，王下乡不断完善基础设施建设、加强人居环境整治、提升旅游承载力和综合接待能力。

（四）通过科学研究、政策研究和国际交流获得广泛的保护合力

雨林公园的保护工作科研导向鲜明、科研力量大幅增加。海南国家公园研究院立足全国力量，面向全球科学家开放，是海南省与国内外顶级研究机构、高校和科学家、专家合作，共建、共享的公益性事业单位。在海南国家公园研究院主导下，科学研究、政策研究和国际交流都有了突破性进展，产出了一系列应用导向的研究成果，并在国际保护领域发出了海南声音。

（1）开展海南长臂猿保护联合攻关

海南国家公园研究院（以下简称"研究院"）开展了海南长臂猿保护联合攻关的项目。项目以海南长臂猿保护为核心，以海南长臂猿栖息地修复及周边区域发展为主要内容，兼顾海南热带雨林国家公园建设和其他珍稀物种保护。

通过招募项目负责人（非发包方式），柔性聘请项目成员为研究院的兼职科研人员。聘请有重大学术成就和学术声望且已经退休的研究人员为特聘研究员，聘请仍在重要单位的重要岗位任职的研究人员为兼职研究员以研究院名义开展工作，项目结题时即终止聘用。兼职人员在研究院工作期间产生的知识产权属于研究院，但兼职人员享有署名权。

项目成果**以实现长臂猿及其栖息地的保护与其他在生态资源合理利用中有现实指导意义的成果为主**，包括突破长臂猿监测、栖息地生态修复的关键技术、建设示范基地等，解决长臂猿保护最紧迫的实际问题，促进国家公园的体制机制与可持续发展建设，形成可复制模式。

研究院申报的"长臂猿保护国家长期科研基地"入选第二批国家林业和草原长期科研基地名单，将依托"长臂猿保护国家长期科研基地"，充分整合国内外专家资源，为海南长臂猿保护开展研究工作。

（2）建立服务省级决策的专报制度

海南国家公园研究院的主要职能是服务雨林公园和生态文明建设的重

大课题和政策咨询研究，**已经建立起直报省委、省政府的专报制度，服务于雨林公园决策制定。**

研究院的系列专报以海南长臂猿的科研成果、国际交流成果和监测数据为基础，立足国家生态文明试验区（海南）和全球生态环境最优美的自贸港建设，形成了应用导向的政策研究成果，一方面向海南省委、省政府汇报了国家公园建设的最新进展，另一方面为海南落实习近平生态文明思想、实现生物多样性主流化拓展思路并提供可行性建议。研究院自成立以来撰写了多份关于雨林公园和海南长臂猿保护研究与科普宣教工作，以及海洋国家公园等内容的智库报告、研究报告等，部分成果获得省主要领导的批示，并获得领导的高度肯定。

（3）多措并举开展国际合作交流

常态化召开国际研讨会、交流会。2022 年 10 月，以"保护热带雨林，促进生态价值的实现"为主题的 2022 热带雨林保护国际研讨会（第一阶段）顺利召开。本次研讨会由研究院发起，联合海南热带雨林国家公园管理局、五指山市人民政府、海南绿岛热带雨林公益基金会等单位共同主办。11 月 26 日，海南热带雨林国家公园管理局、五指山市人民政府、海南国家公园研究院联合海南绿岛热带雨林公益基金会共同举办的"2022 热带雨林保护国际研讨会"第二阶段会议，主题为"四库""三统一"与可持续发展。国内外知名专家对"热带雨林生态价值实现与转化路径""特许经营与森林康养旅游"等议题展开深入研讨。12 月 23 日，研究院与联合国教科文组织驻华代表处、省林业局（海南热带雨林国家公园管理局）、团省委、省文联等联合开展"助力双碳目标，保护热带雨林"为主题的科普教育系列活动。

主导并联合发起《全球长臂猿保护网络倡议》、发布《全球长臂猿联盟保护宣言》。2020 年 12 月，海南国家公园研究院主导并联合天合公益基金会、IUCN 物种存续委员会小猿组发起的《全球长臂猿保护网络倡议》（以下简称《倡议》），这是第一个由中国机构主导、联合国际权威组织发起并面向全球发布的物种保护倡议。《倡议》提出有效保护长臂猿的八大目标：①提高当地社区的保护意识；②稳定和发展缓冲区内社区的生计；③让保护与生计的红利和谐发展，确保野生动物资源的可持续利用；④鼓励当地社区和利益攸关方参与保护区的管理；⑤成为国际上物种保护的模范；⑥促进多方资源保护和发展长臂猿，并提升其他生物多样性价值；⑦保护、扩大和改善生境质量，建立廊道以连接生物多样性丰富的区域；⑧建立野生动物救助中心，研究和保存稀有基因资源，提高管理和执法能力，与不同地区的中心（动物园）开展专业合作。该倡议⑤~⑧的目标体现了科学现代的物种保护方向，而①~④也体现了国际主流的保护理念，将保护与社区生计紧密结合。这样的倡议，充分体现了雨林公园的保护方法，在人地关系上强调根据长臂猿的行为空间特点适应性处理调控保护与利用关系，不是排斥性管理方法，不是要保护就必须搬迁社区的机械论价值观。这样的适应性管理方法的科学原理是通过科学理解长臂猿行为需求、栖息地和廊道安全格局，采取适应性管理缓解保护与利用、发展的矛盾；同时，把社区居民纳入保护地统一的生态系统中考虑，协调保护与发展的矛盾，以维持生态系统完整性和动态平衡，促进保护目标的长期实现和可持续发展，这也是生态系统管理制定适应性管控措施的首要依据。

2022年12月，在联合国《生物多样性公约》第十五次缔约方大会第二阶段会议期间，海南省举办的"海南热带雨林国家公园建设和生物多样性保护"主题边会正式发布《全球长臂猿联盟保护宣言》（以下简称《宣言》），呼吁相关方以实际行动，共同保护长臂猿物种。这是第一个由中国机构主导、联合国际权威组织发起并面向全球发布的物种保护宣言，旨在号召更多科研机构加入保护网络，开展长臂猿保护的国际科研合作与具体工作。《宣言》致力于推进全球长臂猿保护联盟建设，促进海南长臂猿及其他长臂猿保护的国际合作与交流常态化。根据《宣言》，全球长臂猿联盟（GGN）和世界自然保护联盟物种存续委员会小猿组（IUCN PSG-SS）认为，有效保护长臂猿需要各长臂猿物种栖息地所在国家内外所有利益相关者的承诺和支持，其中包括政府、保护区、执法当局、当地社区、非政府组织、公共和私营部门机构、动物园、保护区、救援中心和全球机构等。全球长臂猿联盟（GGN）和世界自然保护联盟物种存续委员会小猿组（IUCN PSG-SS）作出以下承诺：一是通过提供基于科学实践的技术支持、培训和专业知识，使得利益相关者可以有能力有效保护长臂猿；二是为各成员提供相应资金以支持其有效实施上述措施，并对长臂猿保护工作进行监测和评估；三是利用全球长臂猿联盟（GGN）和世界自然保护联盟物种存续委员会小猿组（IUCN PSG-SS）平台，提高人们（尤其是长臂猿所分布的 11 个国家的公众）对于长臂猿种群影响因素的认知。这项工作体现了雨林公园已经探索了全球共同履约的方式。

（五）海南长臂猿保护的措施对海南生物多样性工作的带动作用

对生物多样性保护工作来说，获得全民认可效率最高的方法就是旗舰物种保护、相关宣传教育活动以及物种栖息地所在社区的绿色发展工作。海南长臂猿既是海南热带季雨林的旗舰物种，也是指示物种，因此在雨林公园的工作中，海南长臂猿既是保护的重点，也是工作的重点。对其的保护工作和为了形成"共抓大保护"的局面而开展的社区绿色发展工作，共同支撑了海南省的生态文明建设和 CBD 履约。迄今为止，海南长臂猿的种群恢复态势明显，但这种局面的形成是靠保护、扶贫、机构建设、体制改革等多项工作支撑的，既往的这些工作是雨林公园建设的地基。

海南长臂猿保护措施取得了良好绩效，带动了海南生物多样性保护的工作。仅从海南长臂猿名称[1]和地位的变化即可管窥海南生物多样性保护工

---

[1]　灵长类中长臂猿属的 Nomascus 亚属曾被认为仅有 1 个种，即黑冠长臂猿［原文名 Hylobates（Nomascus）Concoler，现名为 Nomascus Concoler］，且分化有 6 个亚种，其中在海南分布有 1 个亚种，即海南黑冠长臂猿（原文名 Hylobates Concoler Hainanus，现名为 Nomascus Hainanus），其他 5 个亚种分布在中国云南、越南和老挝。随着研究手段的不断进步，国内外专家们渐渐发现，海南长臂猿与其他黑冠长臂猿种群在形态、毛色、鸣叫等多个方面存在显著不同，认为其是黑冠长臂猿的海南特有亚种。到 1996 年，中国科学院昆明动物所研究员宿兵等人通过测定线粒体 DNA 控制区序列，确认海南长臂猿已进化为独立种（朱华：《论中国海南岛的生物地理起源》，《植物科学学报》2020 年第 6 期，第 839~843 页）。这一结论在之后被多次证实，至此，海南长臂猿的独特"身份"终于获得国际学术界广泛认可，也有了正式的独立种的拉丁文学名。

作的绩效。其中文名从黑长臂猿、海南黑冠长臂猿到海南长臂猿，这是物种研究、保护工作、自然保护地体制建设等多方面工作的综合反映。尽管还有学术争议①，海南长臂猿对海南生物多样性保护工作和雨林公园工作的标志符号地位已经奠定，而其数量、种群、栖息地的向好态势，正是中国及海南省生态文明建设成就的最好说明。

海南长臂猿的保护措施提供了"人与自然和谐共生"范例，带动了海南生物多样性保护工作。海南长臂猿的保护问题，关键在社区（包括国有农场和国有林场），但这些社区大多发展水平较低，其现存生产生活方式大多与保护要求尤其是海南长臂猿栖息地保护要求冲突。以雨林公园的核心区域，也是海南长臂猿目前的唯一栖息地霸王岭保护区为例，保护区周边有3个乡镇，白沙县青松乡、金波乡（包括金波农场）和昌江县王下乡，共两万多人，黎族约占90%，苗族约占10%。海南长臂猿目前仅分布于霸王岭700~1200米海拔的沟谷雨林里，这不是最适宜海南长臂猿的环境。海南长臂猿最适宜生存的地方是低海拔热带雨林，即300~500米海拔内，但保护区腹地南七河地区的原生植被已遭破坏，300~500米海拔范围内主要是人工种植的松树林，根本不适合长臂猿栖息，保护区现有的生存空间有限，对长臂猿种群的发展会产生抑制作用。保护区内及周边的居民砍伐柴薪及开垦天然林（以次生林为主）、种植经济林等活动，大大妨碍了天然林再生，特别是适合长臂猿利用的低地雨林的恢复。周边人口衍生频繁的破坏性活动，曾经对保护区的管理造成很大的困难。经过过去二十年的扶贫，尤其是2020年底结束的精准扶贫，这种局面有了很大改观，保护区内及周边社区于2020年实现了全面脱贫，生产方式、燃料结构、生活习惯等都发生了天翻地覆的变化，初步实现了人与自然和谐相处，将向人与自然和谐共生的现代化迈进。这不仅与全国的脱贫同步，更反映了中国保护地周边脱贫的普遍情况。

①　如海南长臂猿到底是否为 Keystone Species，这仍是值得探讨的学术问题，因为其和热带季雨林相关动植物种之间的关系仍不明晰。

三　雨林公园体制改革成果

（一）独立设置国际化的国家公园研究平台

独立设置国际化的国家公园研究平台是雨林公园有别于其他 9 个国家公园体制试点区的特色之一。《海南热带雨林国家公园体制试点方案》要求"设立海南热带雨林国家公园研究机构。成立海南热带雨林国家公园专家委员会……依托大专院校、科研院所合作开展科学研究，面向全球搭建学术交流平台和合作发展平台……积极引进优秀人才参与国家公园建设管理"。独立设置但又有别于传统事业单位的海南国家公园研究院形成了国际科研合作平台和海南长臂猿联合攻关新机制，其设立和平台化运行体制机制都是国内首创。这是 10 个国家公园体制试点区中唯一的专设国家公园研究机构。

（1）创新科研事业单位体制

建立多元共治的平台化治理体制。海南国家公园研究院由海南热带雨林国家公园管理局、海南大学、中国热带农业科学院、中国林业科学研究院、北京林业大学共同发起成立。研究院的机构性质是以科学研究为主要业务、不以营利为目的的公益事业机构，在省委编办登记为事业单位法人，但不纳入机构编制管理（没有编制，没有行政级别，以财政经费支持为主但没有固定财政经费）。行业主管部门为海南省林业局（海南热带雨林国家公园管理局），党务关系归口海南大学。研究院发起单位多元化、跨地域、业务相关、优势互补，这样既能保持必要的灵活性和自主性，又能调动发起单位和社会各界参与研究院建设和发展的积极性。

建立市场化自主化管理运行机制。研究院管理人员实行全员合同聘用，薪酬、激励等按市场化方式运作。人员以少量精干的具有专业背景的管理型、复合型人才为主，要求既有国家公园和生态文明建设领域的专业经验，又有管理学、经济学等专业知识。按照相关规定，研究院自主组织评定院内研究人员专业技术职称，结果报省委人才发展局备案。研究院科研人员以项目为导向，按需设岗，以市场化机制确定人员待遇，研究院自主决定柔性引进高层次及特需人才，打破人才使用壁垒，降低用人长期成本，快速准确解决实际需求。以项目为导向进行平台化设计，柔性引进高层次及特需人才，有利于会聚国内外一流专家，优化科研人员队伍结构，也有利于与国内外知名智库、高校及研究机构建立稳固的合作关系，为研究院成为国际一流智库和咨询研究机构提供坚实基础和有力保障，这是我国科研事业单位管理运行上的一大机制创新。

（2）创新科研项目运行机制

海南国家公园研究院充分发挥平台化优势，由省政府出资，开展了以海南长臂猿保护为核心，以海南长臂猿栖息地修复及周边区域发展为主要内容，兼顾雨林公园建设和其他珍稀物种保护的一系列科研工作。从项目立项选题到项目招募等都体现了研究院多元共治的平台化治理思路。

广泛征求专家意见，开展实地研讨，确定研究方向。项目启动初期，研究院组织专家先后6次赴霸王岭保护区及周边乡镇社区开展实地调研；邀请国内外一流专家召开3次长臂猿保护专家研讨及认证会，讨论项目研究方向和选题；邀请来自北京、贵州、湖北、湖南的专家来海口进行座谈，最终确定了科研工作的研究方向。

吸引国际国内顶尖专家组建项目执委会。研究院吸收了300多名国内外生物学、生态学、法学、经济学、管理学等多学科、多层次的优秀人才组成专家库，经院内多次讨论和征求国内外专家的意见，以研究院专家库为基础，召集国内外权威人士组成科研项目执委会，开展海南长臂猿科研联合攻关。执委会负责确定每年科研项目的研究目标、研究任务、研究成果评估和项目统筹协调。

面向全球公开招募项目负责人。根据执委会意见确定以公开招募方式征集项目负责人。研究院通过官方网站发布招募公告，面向全球公开招募项目负责人，人选经执委会讨论决定。项目负责人根据研究方向设计研究内容、课题名称、团队成员、课题经费等，研究院进行审批。

柔性引进方式建立项目团队。通过招募项目负责人（非发包方式），柔性聘请项目成员为研究院的兼职科研人员，营造了不求所有、各得其所的人才工作环境。

（3）成立海南长臂猿保护研究中心

国家林草局批复设立了海南长臂猿保护研究中心和"海南长臂猿保护国家长期科研基地"。在海南国家公园研究院加挂国家林草局海南长臂猿保护研究中心牌子，实行"一套人马，两块牌子"的管理体制。国家林草局海南长臂猿保护研究中心采取局省共建模式，海南省林业局负责中心编制、人员管理、党的建设及日常运转等工作。国家林草局海南长臂猿保护研究中心全面统筹协调海南长臂猿保护、科研和监测工作。主要措施包括以下方面。①在海南长臂猿栖息地周边建立海南长臂猿保护研究主基地，包括必要的实验室、专家住房、生活服务配套设施，满足进行科学考察、科学实验的需要。②在尚未有网络信号的长臂猿分布区，补充建设 4G 网络服务，或通过卫星 Wi-Fi 等技术手段，实现在所有长臂猿分布区全面覆盖高速网络信号。③组建海南长臂猿专职监测队伍，制定海南长臂猿监测指南和规范，形成轮流值守的野外监测制度；组织专家对监测队员进行专业培训，建立考核和激励机制。④建成现代科技和传统手段有机结合的海南长臂猿种群和栖息地智能化监测体系。⑤建成以国家林草局海南长臂猿保护研究中心为载体的海南长臂猿监测管理研究数据库，实现共建共享。

（二）完善执法体系

雨林公园从确定执法主体、明确执法程序和身份、厘清权责清单、开展教育培训活动等几方面不断完善执法体系。

一是确定执法主体。雨林公园创新双重执法派驻机制，明确国家公园林业案件和其余行政案件的双执法主体，确保国家公园范围内综合行政执法不出现空档。海南省公安厅森林公安局在雨林公园 7 个管理分局对应设立直属森林公安分局，承担园区内涉林执法工作，行使由海南省人民政府授权的 42 项林业行政处罚权，确认海南公安机关在国家公园的林业行政执法主体资格。海南省人民政府及海南省公安厅森林公安局先后出台《关于依法履行海南热带雨林国家公园区域内林业行政处罚权的通知》《关于做好办理破坏森林和野生动物资源林业行政案件工作的通知》《海南省公安厅森林公安局直属分局办理刑事、行政案件有关规定》等相关政策，明确了国家公园公安机关的案件管辖范围和执法权限及执法关系，明确由海南省公安厅森林公安局及其直属分局行使雨林公园区域内林业行政处罚权并附 42 项林业行政处罚事项目录，基本覆盖国家公园内常见的涉林案件类型，有效解决了森林公安涉林案件的执法主体资格问题，开了全国公安机关在国家公园区域内行使林业行政处罚权的先例。此外，公园区域涉及的 9 个市县综合行政执法局下设国家公园执法大队，承担生态环境保护等各领域综合行政执法事项（除涉林行政处罚事项外），由雨林公园属地管理分局管理指挥。在雨林公园管理局增设执法监督处，负责指导、监督和协调国家公园区域内综合行政执法工作。一系列行动举措构筑起了强有力的国家公园执法网络体系，树立了雨林公园的执法权威，执法工作在各国家公园中独树一帜。

二是明确执法程序和身份。海南省司法厅同意国家公园公安机关办理林业行政案件适用《公安机关办理行政案件程序规定》并使用公安行政法律文书，在国家公园区域内行使相关行政执法事权时使用人民警察证作为执法资格证件，解决了适用办案程序及执法证件问题，解决了执法程序和执法身份等问题。

三是厘清权责清单。海南省出台《海南热带雨林国家公园权力与责任清单》，明确雨林公园各级管理机构在协同执法中承担的具体权力及责任，使森林公安办理涉林行政案件不再有后顾之忧。国家公园涉及的 9 个市县检法、林业、资规、综合行政执法等部门与国家公园管理机构以及森林公安分局分别签订协作配合工作机制意见，明确职责分工，打破"各自为战"格局，形成"整体协同"。建立联席会议制度，通报有关情况，就推动林业行政执法和解决工作问题加强协调，商定每月召开会议推进工作。

四是开展教育培训活动。省公安厅森林公安局到 7 个管理分局开展涉林执法专题送教上门活动指导基层单位，对 42 项林业行政处罚权适用何种法律程序、法律文书和民警执法证件等问题给予详细解答。雨林公园管理局和省森林公安局联合举办了全体执法民警涉林执法轮训活动，提高执法人员水平。同时，在警综平台开发使用林业行政案件办理系统，派出工作组深入直属森林公安分局开展执法检查和送教上门活动，进一步强化执法监督，提升民警办案能力。

（三）强化森林防火机制

雨林公园覆盖了海南的主要林区，国家公园建设的相关工作实际上也强化了林区的工作，森林防火就是重要的一方面。对基本不承担木材生产任务的林区而言，森林防火就是头等大事。

伴随 2018 年的机构改革和行业公安等体制改革，我国森林草原防灭火工作体制机制发生了重大变化，出现了许多新情况、新问题。尤其 2019 年、2020 年四川省凉山州两次森林火灾，引起全社会的极大关注。行业和社会上对中国的森林防灭火模式和发展方向纷纷提出了质疑[①]。应该说这种质疑及时得到了中央回应，2022 年 10 月，中共中央办公厅、国务院办公厅印发了《关于全面加强新形势下森林草原防灭火工作的意见》，对应急管理部门、林草部门和公安部门的责任作了具体明确，林草部门承担森林草原火灾预防和火情早期处理等职能，森林公安要配合林草部门实现这些职能。海南在操作层面的相关改革和措施细化中反映出国家公园在这方面的进步，雨林公园伴随国家公园执法改革作出了一些先行探索。

一是将国家公园视为重要防火区域采取针对性措施。2023 年 3 月，海南省森林防灭火指挥部第 1 号文件采取了 8 条措施，其中明确开展联合巡控：各市县公安部门、综合行政执法部门、应急管理部门、林业或林业主管部门要组成联合巡控组，深入各林区进行巡控，及时发现森林火灾隐患并督促整改落实，形成森林防灭火高压态势。该文件还要求落实村居防火责任：在重要防火区域（国家公园、林区林场、海防林、集中的墓地）要

---

① 闫鹏、马玉春、赵彦飞：《中国森林防灭火的发展历程与成效》，《亚热带资源与环境学报》2023 年第 1 期。第一作者时任应急管理部森林消防局副局长。

依法设置临时森林防火检查站，严格检查登记，严禁携带火种进山入林。

二是充分调动社会力量加强宣传教育和违法、火灾隐患信息发现工作。海南省公安厅森林公安局加强国家公园林区社会面防控，认真履行公安机关火场警戒、治安维护、交通疏导、火案侦破等森林防灭火工作职责，协同相关部门做好防火宣传、火灾隐患排查、重点区域巡护、违规用火处罚等工作，最大限度地减少火灾损失。

2023年12月，海南省首支"生态警务"国家公园志愿护林队在省公安厅森林公安局鹦哥岭保护区分局正式成立，共设有39个小分队，总计400余名队员，分别来自11个乡镇39个村委会，他们充分发挥近家门、知村情、熟村人、明村事、懂法律的优势，成为国家公园各项执法工作的兼职法律宣传员、兼职执法信息员、兼职工作监督员，并协助民警开展林区治安巡逻清查、排查化解涉林风险（尤其是火灾风险）隐患、涉林普法宣传教育等工作。

（四）不断加强制度体系建设

一是明确法规制度，保障各项工作有规可依。海南省出台《海南热带雨林国家公园条例（试行）》《海南热带雨林国家公园特许经营管理办法》两部地方性法规，为推进雨林公园建设提供重要法治保障。省司法厅出台《关于明确森林公安海南热带雨林国家公园区域内林业行政执法若干问题的复函》，解决森林公安执法适用何种程序和基于何种身份问题。省林业局联合省高级人民法院、省人民检察院、省公安厅印发《关于进一步推进森林和野生动物生态环境损害修复赔偿工作的意见》，省高级人民法院印发《关于为海南热带雨林国家公园建设提供司法服务和保障的意见（试行）》。海南省制定了关于进入国家公园和建设项目准入等4项行政许可事项，明确了办事指南。

二是明确重点任务，保障各项工作有的放矢。根据国务院批复和《海南热带雨林国家公园设立方案》要求，结合第一次局省联席会议精神及《关于加强第一批国家公园保护管理工作的通知》要求，及时谋划雨林公园正式设立后的重点工作，省政府办公厅印发《海南热带雨林国家公园重点工作实施方案》，并印发《贯彻落实习近平总书记关于海南热带雨林国家公园重要指示精神实施方案》《海南热带雨林国家公园 2023 年重点工作任务清单》，明确了责任单位和完成时限。

三是明确权责划分，保障各项工作有据可循。海南省依据《国务院关于推进中央与地方财政事权和支出责任划分改革的指导意见》《海南热带雨林国家公园条例（试行）》等法律法规，制定了《海南热带雨林国家公园权力和责任清单》（以下简称《权责清单》），于雨林公园建设工作推进领导小组第 15 次会议审议通过。《权责清单》涵盖国家公园设立、保障机制建设、管理成效监督、规划和设计、人员能力建设、基础设施建设、管理和维护、日常管理、人类活动监管、执法、非常规保护项目、生态补偿、待退出产业监管、民生服务、突发事件管理等权责事项，明确了每个权责事项的责任主体及其应承担的具体义务，较为清晰地划分了管理机关和市县政府之间的权责。

第三节
海南热带雨林国家公园的绿色发展成效

党的二十大明确了中国式现代化是人与自然和谐共生的现代化，提出我国的生态文明建设就是要"推动绿色发展，促进人与自然和谐共生"。雨林公园践行"绿水青山就是金山银山"理念，不断挖掘其"水库、粮库、钱库、碳库"的作用，率先推动生态系统生产总值（GEP）核算，持续推进生态产品机制实现工作，力求实现严格保护前提下的生态保护、绿色发展、民生改善相统一。

一 "四库"作用分析

2022年4月，习近平总书记在海南考察时指出，雨林公园是国宝，是水库、粮库、钱库，更是碳库（以下简称"四库"）。"四库"论生动形象地描述出雨林公园生态系统的服务功能，揭示了热带雨林生态系统与水资源、粮食、物质财富、碳汇之间的内在必然有机联系，是对绿水青山综合效益和多重功能的精准凝练。热带雨林生态系统是水库，具有巨大的涵养水源、保持水土、净化水质的调节功能；是粮库，具有产品提供的功能，能为人们提供林果、菌类、山野蔬菜、动物肉类等各种物质产品，也是重要种质资源库，此外，还能保持水土、防风固沙，使"跑风地"变成良田和牧场，推动农牧业发展增效；是碳库，具有固碳释氧、气候调节的功能，是天然碳汇储备库，可以通过植物的光合作用存储二氧化碳，使大气中 CO_2 浓度降低；是钱库，通过生态补偿、生态产业化、碳市场交易、国家公园品牌建设等生态产品价值实现机制的构建，雨林公园水、粮、碳三库可以有效转化为钱库，实现"绿水青山"向"金山银山"的转化（见图2-1）。

雨林公园是水库，发挥着养水、产水、净水等功能。雨林公园是海南岛

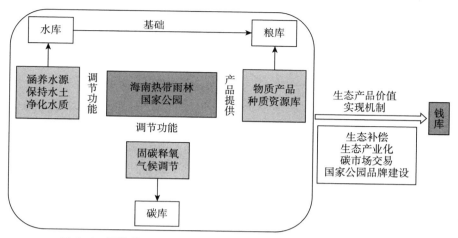

图 2-1　雨林公园"四库"之间及其与生态系统服务功能的关系

南渡江、昌化江、万泉河三大主要水系的发源地，是海南岛的"三江源"。雨林公园为海南省 86.0% 的饮用水源地提供了保障，被称为海南岛的"水塔"。雨林公园范围内有大型水库 1 座（大广坝水库），中小型水库 20 座（小妹水库、五指山水库等）。

雨林公园是"粮库"，首先是粮库中"粮"的概念，按国际惯例和科学定义（联合国粮农组织 FAO），指 Food，任何人类食用或饮用的用于营养、生长和发展的物质，而非国内不少人惯用的 Grain（一般专指谷物）。目前的用法均依托此概念，如世界粮食日（World Food Day）。其次是粮库中"库"的概念，这可从三方面阐释。一是为人类提供了粮禽畜蜂菌茶花等丰富的食用产品。习近平总书记提出"要树立大食物观。要向森林要食物，向江河湖海要食物，向设施农业要食物，同时要从传统农作物和畜禽资源向更丰富的生物资源拓展，发展生物科技、生物产业，向植物动物微生物要热量、要蛋白"。雨林公园范围内有丰富的农林牧渔业物质产品的产出。而且与其他区域相比，雨林公园产出的这些食品，依赖于优异的资源环境，具有明显的生态优势、独特的地理标志产品含义。二是生物遗传资源宝库，可以为各类食品粮食开发提供丰富的种质资源。如雨林公园尖峰岭片区的大型真菌资源调查显示，在发现的 291 种大型真菌中食用菌有 46 种，约占片区大型真菌的 15.8%，其中以多孔菌科（Polyporaceae）和木耳科（Auriculariaceae）种类为主[1]。白沙县境内的热带雨林分布着珍稀濒危野生古茶树——海南大叶种，是海南特有的茶树种质资源。三是具有保持水土、防风固沙等调节功能，可以为农牧副渔业的粮食生产提供保障。

雨林公园是"碳库"，对于碳储存和碳循环起着非常重要的作用。成熟的热带雨林可储存的净碳量达每公顷 340 吨以上。据中国林业科学研究院牵头完成的海南热带雨林国家公园生态系统生产总值（GEP）核算成果，海南每公顷热带雨林 1 年平均可吸收 1~2 吨碳，且碳汇能力随雨林植被生长逐年增长，年均增长 3%~4%，将助力海南加快实现"碳达峰""碳中和"。为进一步发挥好"碳库"的作用，雨林公园构建国家公园森林生物量和碳库监测技术体系。实施国家公园森林资源监测能力提升项目，建立基于立体测绘卫星的森林高度反演生物量模型，在尖峰岭、五指山、毛瑞 3 个管理分局进行示范应用并形成森林生物量分布产品。实施雨林公园森林碳汇计量监测，评估重点典型区域的生态系统碳储量分布和碳汇能力的大小，掌握雨林公园碳库底数和格局。

雨林公园是"钱库"，具有巨大的生态价值，能产出优质的生态产品，通过生态产品价值实现机制的构建，实现雨林公园的"绿水青山"向"金山银山"的转化。生态产品的价值通常是隐性的，并不会自发地转化为经济价值，这种转化需要多元机制协同才能完成。国家公园可以通过政策创新、技术创新和市场机制创新来转化生态价值，通过生态补偿、生态旅游、完善碳汇市场、水权交易等，使生态价值转化为经济效益，为当地民众造福。如雨林公园实行森林生态效益补偿和天然林保护补助等两种生态补偿形式，2021~2023 年，累计投入雨林公园的两种生态补偿资金共计 5.4 亿元。此外，各市县还实行森林生态效益直接补偿，对重要生态区位周边村庄居民进行补偿，补偿标准体现差异化[2]；探索特许经营，推进国

---

[1] 潘小艳：《海南热带雨林国家公园尖峰岭片区大型真菌资源调查与评价》，硕士学位论文，海南大学，2022。

[2] 如保亭县涉国家公园生态搬迁的水贤村、什东村每人补偿 700 元/年，其他区域补偿标准则为每人 350 元/年。

家公园生态产业发展。国家公园吊罗山片区坚持"把该保护的保护好，把该利用的利用好"，在一般控制区适度发展生态旅游、森林康养、林下经济、生态研学等生态产业，提高了一线管护人员的收入，也为国家公园建设可持续发展奠定了坚实基础。

二　生态系统生产总值（GEP）核算[①]

雨林公园积极探索生态系统生产总值（GEP）核算，摸清"家底"，促进"生态高颜值"向"经济高价值"转化。2021 年，雨林公园发布 2019 年 GEP 核算成果，成为全国首个完成 GEP 核算的国家公园。目前已完成 3 个年度的核算（2020 年、2021 年的相关核算分别完成于 2022 年、2023 年），摸清了国家公园的生态家底，为生态产品价值实现机制的探索奠定了坚实的基础。

雨林公园 GEP 核算在参考有关规范文件的基础上，结合雨林公园的生态系统特点和资源禀赋，科学建立雨林公园生态产品价值核算的指标体系、方法体系。GEP 核算指标包含物质产品、调节服务、文化服务 3 个一级指标 19 个二级指标若干个三级指标。核算以高分辨率遥感影像为基础，结合实地调查数据和历史资料，建立包含 15 万多个小班的精细化生态底图数据库；收集各行业部门数据，探索拓展多源数据融合路径；利用科学研究台站，开展野外调查，获取关键本地化参数，完成空间化的参数图层；运用直接市场法、替代市场法、模拟市场法等对生态产品定价；利用信息技术，建立国家公园 GEP 核算信息平台。在此基础上开展实物量与价值量核算。

核算结果显示（见图 2-2）：雨林公园 GEP 由 2019 年的 2045.13 亿元提升至 2021 年的 2068.39 亿元，单位面积 GEP 由 2019 年的 0.46 亿元/公里^2 增长到 2021 年的 0.48 亿元/公里^2。2021 年的 GEP 中，生态系统物质产品价值量为 49.96 亿元，占雨林公园 GEP 的 2.42%；生态系统调节服务价

---

① 《海南热带雨林国家公园生态系统生产总值（GEP）核算研究报告》（2019~2021 年）。

值量为 1728.81 亿元，占雨林公园 GEP 的 83.58%；生态系统文化服务价值量为 289.62 亿元，占雨林公园 GEP 的 14.0%。

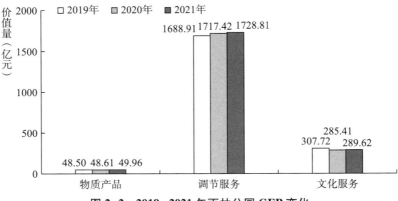

图 2-2　2019～2021 年雨林公园 GEP 变化

2019～2021 年雨林公园 GEP 变化及其原因分析见表 2-1。

2021 年，雨林公园生态系统物质产品总价值量为 49.96 亿元，相比上年物质产品总价值量 48.61 亿元共增加 1.35 亿元。2021 年，雨林公园生态系统中的农业产品、林业产品、畜牧业产品、渔业产品、生态能源产品以及苗木资源产品的价值量均较上年略微增长，产品价格与上年差异不明显。

2021 年，雨林公园生态系统调节服务总价值量为 1728.81 亿元，相比 2020 年的 1717.42 亿元增加了 11.39 亿元，涨幅为 0.66%。从分项指标来看，涵养水源价值量增加 4.86 亿元，涨幅为 0.86%；保育土壤价值量增加 0.01 亿元，涨幅为 0.06%；固碳释氧价值量增加 1.53 亿元，涨幅为 0.77%；空气净化价值量增加 0.48 亿元，涨幅为 0.35%；森林防护价值量增加 0.24 亿元，涨幅为 0.62%；洪水调蓄价值量增加 1.06 亿元，涨幅为 0.61%；气候调节价值量增加 1.31 亿元，涨幅为 2.29%；生物多样性价值量增加 1.90 亿元，涨幅为 0.36%。调节服务主要受降水量和气温变化的影响。一是降水量变化的影响。2021 年，海南省平均降雨量 1881.4 毫米，属于偏丰年。雨林公园 GEP 核算中，涵养水源和洪水调蓄功能受降水量影响较大。二是气温变化的影响。2021 年 1～9 月，海南省平均气温 25.8℃，较常年同期偏高 0.6℃；各地平均气温 24.4~27.9℃，与常年同期相比，除万宁偏低 0.1℃、陵水和乐东与常年持平外，其余市县偏高 0.5（定安、琼海、琼中）~1.1℃（儋州、屯昌、白沙）。在此气温背景下，雨林公园气候调节功能在 2021 年较 2020 年有一定提升；另外气温升高引起蒸散量增大，中和了部分涵养水源功能。

2021 年，雨林公园生态系统文化服务总价值量为 289.62 亿元，相比 2020 年的 285.41 亿元增加了 4.21 亿元。文化服务功能包含休闲旅游、景观价值、科学研究和科普教育 4 个部分。实物量方面，2021 年休闲旅游人数较 2020 年增加 89.51 万人次；景观价值增加 0.18 万平方米；科普教育增加 2.2 万人次。从价值量来看，2021 年较 2020 年增加 4.21 亿元，涨幅为 1.48%，其中，休闲旅游增加 2.36 亿元，景观价值增加 0.83 亿元，科学研究增加 0.94 亿元，科普教育增加 0.08 亿元。文化服务价值的增加主要体现在以下方面。①2021 年，海南省接待国内外游客 8100.43 万人次，同比增长 25.5%，恢复至 2019 年的 97.5%；2021 年过夜游客有 5783.13 万人次，同比增长 6.4%。海南旅游业稳步复苏，前往国家公园游客数量有所增加。②科学研究投入增加。雨林公园管理局建设项目统计资料显示，随着雨林公园逐步加大基础设施、科学监测等投入，2021 年雨林公园建设项目共 120 项，其中科研项目 54 项，总金额 14475 万元，较上年增加约 168%。③得益于雨林公园保护、发展、建设和宣传工作的良好和有序推进，2021 年景观价值和科普教育价值较上年有所增加。

表 2-1　2019~2021 年雨林公园 GEP 变化及其原因分析

一级指标	二级指标	价值量（亿元）			2020 年与 2021 年价值量变化		主要变化原因
		2019 年	2020 年	2021 年	差值（亿元）	变化（%）	
物质产品	共 7 项小计	48.50	48.61	49.96	1.35	2.78	2021 年国家公园物质产品产量较上年有小幅度提升

续表

一级指标	二级指标	价值量（亿元）			2020年与2021年价值量变化		主要变化原因
		2019年	2020年	2021年	差值（亿元）	变化（%）	
调节服务	涵养水源	545.71	565.67	570.53	4.86	0.86	降水量较上年增加
	保育土壤	17.5	17.19	17.2	0.01	0.06	有林地土壤侵蚀模数降低
	固碳释氧	198.5	198.59	200.12	1.53	0.77	单位面积固碳量提升
	空气净化	140.54	139.02	139.5	0.48	0.35	单位面积吸收污染气体、滞尘和提供负离子能力提升
	森林防护	45.02	38.77	39.01	0.24	0.62	有林地风蚀模数下降
	洪水调蓄	175.49	172.43	173.49	1.06	0.61	降水量较上年增加
	气候调节	55.46	57.26	58.57	1.31	2.29	气温较上年升高
	生物多样性	510.69	528.49	530.39	1.90	0.36	生态保护成效稳步提升
	小计	1688.91	1717.42	1728.81	11.39	0.66	
文化服务	休闲旅游	162.16	140.34	142.7	2.36	1.68	旅游业稳步复苏，游客人数增加
	景观价值	139.64	138.93	139.76	0.83	0.60	国家公园受益房屋面积稳步提升
	科学研究	0.57	0.56	1.5	0.94	167.86	科研项目投入增大
	科普教育	5.35	5.58	5.66	0.08	1.43	科普教育人数增加
	小计	307.72	285.41	289.62	4.21	1.48	
合计		2045.13	2051.44	2068.39	16.95	0.83	

三　生态产品价值实现工作成效

雨林公园依托资源环境和黎苗传统文化特色优势，开展生态保护补偿、推动绿色产业发展、创新绿色金融等，促进了生态产品价值实现。但这些工作显然不够，2023 年 11 月召开的海南热带雨林国家公园建设工作推进小组第 1 次会议上明确提出要"激发国家公园经济效益。要以'挖掘、保护、利用'为主线，推动国家公园建设提质增效，进一步丰富国家公园品牌体系，大力抓好重点领域保护，着力提升绿色发展水平，重点推进环国家公园旅游公路建设，努力将热带雨林打造成为新的旅游吸引物"。这样的指示既是对以往业绩的肯定，也是对未来工作的指引。

（一）生态保护补偿

生态保护补偿是生态产品价值实现的重要方式之一。雨林公园开展了纵向生态保护补偿，创新推动了流域横向生态保护补偿，有力推动了雨林生态系统的保护、提升了流域上下游协同治理能力。

开展纵向生态保护补偿。这是所有国家公园的"规定动作"。雨林公园开展了森林生态效益补偿和天然林保护补助等两种生态补偿形式。据海南热带雨林国家公园管理局的统计，2021~2023 年，累计投入雨林公园的两种生态补偿资金共计 6.64 亿元，其中，中央财政 2.87 亿元，省财政 3.77 亿元。

创新流域横向生态保护补偿。这是雨林公园的"自选运作"。雨林公园是海南岛主要江河发源地和上游汇水区，为全省 86% 的饮用水源地提供了保障。为均衡上下游发展权益，海南省探索实行了"上游护水，下游补偿"的流域横向生态保护补偿机制，覆盖雨林公园涉及的 9 个市县。创新了国家公园全域保护方式，也充分调动了流域上下游市县生态保护的积极性。一是确定横向生态补偿方式。按照补偿流域对应监测断面的水质和水量等考核因子是否达标，上下游各市县实行"季度核算、年终结算"。如保亭县

（国家公园县域）与三亚市（国家公园外）签订了《赤田水库流域上下游横向生态保护补偿协议》，如果赤田水库保亭境内集贸市场桥等断面水质4项考核因子季度水质监测值均达到或优于地表水Ⅱ类标准，则三亚（下游）将按300万元/季度补偿给保亭（上游）。这一做法也是贯彻落实《关于推进国家公园建设若干财政政策的意见》（国办函〔2022〕93号）中关于"鼓励受益地区与国家公园所在地区通过资金补偿等方式建立横向补偿关系"的具体实践。二是建立协同保护机制。国家公园流域上下游市县已分别建立联席会议制度，按照流域水资源统一管理的要求，协商推进流域保护与治理，联合查处跨界违法行为，建立重大工程项目环评共商、环境污染应急联防机制。流域上游市县按约定持续开展农村环境综合整治、水源涵养建设和水土流失防治，加强工业、农业面源污染防治，实施河道清淤疏浚等；流域下游市县除对上游开展流域保护治理、补偿资金使用等情况进行监督外，也积极推动本行政区域内的生态环境保护和治理。如保亭县（国家公园县域）与三亚市（国家公园外）建立了两地党政主要负责同志为组长、分管领导为副组长、相关单位为成员的创新协调联动机制，合力整治，每月定期召开工作推进会，定期向省主管部门汇报工作；通过成立赤田水库流域联合整治指挥部，合署办公，共同推进赤田水库流域综合治理和创新生态补偿试点工作精准落地。三是探索多元化补偿方式。除采取资金补偿形式外，上下游各市县还积极探索了多元化补偿模式，根据实际需求及操作成本，协商选择对口协作、产业转移、人才培训等方式进行替代补偿。保亭县（国家公园县域）与三亚市（国家公园外）通过签订供排水特许经营协议，将保亭三道镇区域范围供排水设施的"建、管、用"一并交给三亚。三亚也积极主动加强与上游保亭的绿色合作，以此完善上下游横向生态保护补偿机制，开展流域生态协同治理。

（二）绿色产业发展

国家公园管理局和地方政府都在进行绿色产业发展顶层设计。只是双方的思路还有差异，操作方式也没有全面统筹协调。2021年11月，海南热带雨林国家公园管理局印发《海南热带雨林国家公园特许经营目录》，探索可开展特许经营的具体业态范围。组织编制《海南热带雨林国家公园特许经营专项规划》《海南热带雨林国家公园基于绿色产业发展的特许经营管理机制和试点区规划研究》，探索特许经营的具体落地模式。国家公园所在的一些地方政府也在这一年多给出了贯穿国家公园内外的全域生态产业发展顶层设计方案和系列操作方案，如县级的《五指山市热带雨林生态产品价值实现试点工作实施方案（2022—2023 年）》、乡级的《五指山市水满乡"绿水青山就是金山银山"实践创新基地建设实施方案》、产业类的《五指山市茶产业"十四五"发展规划（2021—2025）》等，使绿色产业发展方案初步形成了全域覆盖、园地配合、特色明显的局面，"四库"在国家公园相关市县各有其特色体现方式。

开展国家公园品牌工作。海南热带雨林国家公园管理局制定印发《海南热带雨林国家公园原生态产品认定管理办法（试行）》，并组织开展产品申报工作，探索国家公园品牌认证工作。此外，国家公园涉及各市县已有一定的品牌体系建设基础。各市县以"热带雨林+"赋能绿色发展，探索建设地方特色品牌，初步形成了"两山"理念的生动实践。依托国家公园资源和品牌优势，"五指山红茶""琼中绿橙"等农业品牌先后通过国家标志登记认证；白沙县开展野生茶资源保护和开发利用，培育茶叶类区域公用品牌，创建了海南省首个茶叶碳标签产品。只是目前的品牌工作还未构成品牌体系，更未与质量标准、市场监管等工作联动起来。

多种方式推动生态产业化。一是依托生态资源环境开展生态旅游。如昌江县王下乡依托国家公园腹地的区位优势，打造"黎花里"文旅品牌。白沙县与国家公园管理机构探索共建共管共享模式，详细踏勘和调研鹦哥嘴自然生态体验区、红坎自然生态体验区两个区域的生态资源、野生植物资源、地貌景观资源、水体资源等；双方配合完成红坎自然生态体验区生态旅游概念性规划，规划面积 4200 亩，其中国家公园范围内外分别为 2430亩和 1770 亩，内外统筹推动国家公园绿色发展、民生改善。二是发展生态农业。如五指山依托国家公园生态资源，发展生态立体循环农业，形成以

"农业废弃物+种茶+养殖+酿酒"为基础的循环经济体系。三是搭建"两山平台"，推动资源—资产—资本—资金的转化。如白沙县通过搭建"两山平台"，收储零碎生态资源，整合打包进行招商，共招商项目 28 个、试点项目 11 个，推动生态资源向生态资产、资本和资金的转化。

（三）其他创新做法

受雨林公园 GEP 核算及应用探索的带动，国家公园涉及市县也陆续独立开展行政管辖区的 GEP 核算，并不断创新生态产品价值实现方式，涌现出"两山贷""GEP 贷""生态价"等一系列新型的"两山"转化方式。

白沙县创新绿色金融，依托"两山平台"和 GEP 核算，设立"两山贷""GEP 贷"，打通"资源—资产—资本"有效转化的"两山"通道。白沙县于 2022 年在全省率先试点建设生态资源资产运行平台，由白沙乡村振兴发展有限责任公司负责运营。该平台整合山水林田茶药花等优势生态资源，对农业种植、自然资源、生态产品进行调查确权，并评估、收储、管理、交易生态资源资产，可以一站式简化部门审批流程，提升产业落地投产效能。目前已落地实施海南大叶茶种植等 15 个资源转化项目，并接连探索出海南首笔金融"两山贷"、首笔"GEP 贷"等多条生态价值的变现路径。通过核算项目所在地的水源涵养、水土保持、固碳释氧以及气候调节等生态系统服务价值得出 GEP，银行再评估企业信用资质等方面的情况，发放 50 万元额度的贷款，这也是海南首笔"GEP 贷"。

五指山首创"生态价"。五指山市印发《五指山市酒店"生态价"试点实施方案》《五指山市生态价试点项目——以亚泰雨林酒店为例》，明确了酒店生态产品价值"指标体系"、"核算方法"和实现路径，构建了反映五指山市酒店生态产品价值的指标体系，梳理了酒店价格与周边生态环境要素的关系，明确房间单价由基本价格和景观增值溢价两部分组成，构建了反映五指山市酒店景观增值类生态产品价值核算的指标体系。溢价参考区间为 28.6%~34.8%，通过价格落地应用，以"生态溢价"的方式实现生态产品价值。

在海南热带雨林国家公园正式设立后，国家公园管理机构和地方政府形成合力、处理好保护与发展的关系就是重中之重。双方制度化地合理分工、各尽所长，认识好"四库"作用、找出"钱库"的实现路径、将保护成果以特色产品增值的形式体现为发展成果，就成为"园""地"融合工作的关键。尽管雨林公园及所涉市县在绿色发展方面取得诸多成效，但整体而言，国家公园管理机构与各市县大多还是各自推动相关工作，双方协同联合推动的工作仍属于少数，"园""地"仍未全面形成合力，这也在很大程度上限制了国家公园区域的绿色发展水平，未来需要不断改进。

第三部分
海南热带雨林国家公园
建设中存在的问题

　　2019 年开始试点、2021 年正式建园，雨林公园迄今为止（2023 年）已经经过了五年发展。如前所述，雨林公园在这五年成就斐然，尤其在生物多样性主流化方面已经为全球初步探出了一条新路。但按习近平总书记的要求"实现生态保护、绿色发展、民生改善相统一"、成为"国之大者"，必须正视仍然存在的问题，包括各种督察在 2022 年以来新发现的问题并分析其整改情况，这样才可能完成《海南热带雨林国家公园总体规划（2023—2030 年）》中的目标①。

---

　①　规划到 2025 年，以热带雨林为代表的自然生态系统稳定性不断增强、服务功能显著提升，野生海南长臂猿种群数量达到 38 只以上，人工林退出商品性经营面积达到 300 平方公里，完成热带雨林类型与结构、重点保护动植物本底资源调查，"天空地"一体化监测体系覆盖率达到 60%，主要水体 I~II 类水质比例达到 98%，管护站点建设完成率达到 90%，自然教育受众达到 150 万人次；到 2030 年，野生海南长臂猿种群数量达到 50 只以上，人工林退出商品性经营面积达到 500 平方公里，主要水体 I~II 类水质比例达到 100%，完成本底资源调查，全面建成"天空地"一体化监测监管平台、科技支撑平台、教育体验平台，自然教育受众达到 300 万人次，将雨林公园建设成为热带雨林珍贵自然资源传承和生物多样性保护的典范。换一个角度看这些规划目标，恰恰可以发现当前工作存在的问题，如人工林处置问题，自然教育新业态发展问题，本底资源调查和"天空地"一体化监测监管平台问题等，本部分对此均有分析。

第一节
按时间维度总结发现的问题

可以从时间维度对这些问题进行分类：①历史遗留尚未解决，且对未来保护发展存在重大影响的问题；②目前国家公园建设不科学、改革不充分的问题；③未来保护发展能力不强的问题，表现为雨林公园及周边"推动绿色发展，促进人与自然和谐共生"的能力不强，绿色发展项目形成和实施能力不足。这三方面问题基本与2023年底完成的《海南热带雨林国家公园建设成效自评估报告》中的问题及相关总结[①]相符，以下详析。

一　历史遗留问题

历史遗留问题主要有四方面：一是人工林涉及范围广、经营主体多、利益诉求千差万别，人工用材林的采伐区域和采伐审批政策部分过时或过严；二是小水电站清理不严不实，且存在政策方案不完善、职工再就业困难等问题；三是生态搬迁存在不彻底和信息不畅通问题，同时中央财政资金不足、地方资金又有限；四是管理分局存在严重债务纠纷，以及各种身份人员的安置问题（国内相关信息不全或不权威，该方面本书暂不细述）。

（一）人工林处置

雨林公园面临严重的人工林处置问题。 在国家公园体制试点验收评估中[②]，雨林公园的生态系统原生自然状态处于落后水平，评级为 B，存在

---

① 例如，在当前存在的问题一节中，自评估报告说明"海南热带雨林国家公园进展较慢或难以完成的任务主要集中在体制机制、专项指引、特许经营等3个方面。产生的原因主要是上位改革进展较慢"。

② 国家林草局：《国家公园体制试点评估报告》。

123.5万亩人工林，约占国家公园总面积的1/5。截至2023年，这一问题还没有得到完全解决。20世纪80~90年代，海南国有森工采伐场、林场在天然林禁伐以后，为实现森工转产、摆脱经济围困，按照传统林业的经营方式，鼓励职工大力发展人工用材林和经济林。而且，人工林经营主体多，分布广且散乱、树种单一，以加勒比松、橡胶、桉树、马占相思和槟榔等人工单一林为主，生态系统服务价值不高。大部分人工林位于低海拔基带植被区或生态廊道关键节点，造成国家公园内物种最为丰富、保护价值最高的低海拔区域基带植被严重缺失、自然生境破碎化、动植物物种迁移和传播的通道被阻隔，大大削弱了雨林公园的原真性和完整性。此外，人工林存在群落结构简单导致难以正向演替、易感染病虫害风险等问题，从保护管理角度来看，需要对这部分人工林采取改造或修复以消除隐患，但实际操作中要依法对这些区域进行必要的人工干预还比较困难。因此，人工林处置成为目前雨林公园建设中面临的最大问题，也是亟须解决的问题。

雨林公园内人工商品林处置面积大、难度大，涉及利益主体多。园内人工林总面积123.5万亩，其中一般控制区集体土地上村集体和村民人工林27.99万亩，按《海南热带雨林国家公园条例（试行）》规定这部分是原住居民必要的生产资料，不纳入人工林处置范围；生态搬迁村庄的0.48万亩人工林（已划归海南热带雨林国家公园管理局管理）也无须处置；实际处置面积为95.03万亩，预计每年需要租赁资金275.4万元、赎买资金2.30亿元（赎买共10年支付完）。根据《海南热带雨林国家公园人工林处置方案》（以下简称《海南人工林处置方案》），人工林退出处置方式主要有赎买、租赁、限时退出等方式（具体处置方式见表3-1），采取按限时退出少量补偿的处置原则，目前仍有部分用材林没能纳入统一管理①。

---

① 按《海南人工林处置方案》，一般控制区原自然保护地外国有土地上的用材林（除桉树外），在最近一个轮伐期采伐后，对剩余合同期的预期价值进行适当补偿后，林木所有权转移给海南热带雨林国家公园管理局。

表3-1　雨林公园人工林面积及处置方法

单位：万亩

区域	林木类型	面积	处置方法
核心保护区（21.16）	农垦林木	0.57	暂未定处置方式
	国有林场林木	10.56	划拨
	地方政府林木	1.41	划拨
	国有企业林木	1.03	赎买
	非国有林木	3.18	三大公司林木，赎买
		1.17	其他非国有企业林木，赎买
		1.13	职工林木，赎买
		1.66	国有土地上村民和村集体林木
		0.48	移民搬迁后集体土地，划归海南热带雨林国家公园管理局管理
一般控制区（73.87） 原保护区内（30.44）	农垦林木	0.33	用材林0.27万亩，皆为橡胶，经济林0.06万亩，可持续经营
	国有林场林木	1.96	划拨
	地方政府林木	0.01	划拨
	国有企业林木	0.08	全部为松树和橡胶林，可持续经营
原保护区外（43.43）	农垦林木	0.78	用材林0.68万亩，最近一个轮伐期后，转变生产方式，可继续经营；经济林0.1万亩
	国有林场林木	2.12	划拨
	地方政府林木	1.65	划拨
	国有企业林木	0.96	用材林0.95万亩，最近一个轮伐期后，未到承包期少量补偿，0.11亿元；经济林0.01万亩，可继续经营

续表

区域	大类	林木类型	面积（万亩）	说明
原保护区内（30.44）	非国有林木	三大公司林木，赎买	10.14	
		其他非国有企业林木	3.53	用材林3.43万亩，需赎买1.91亿元；经济林0.10万亩，可经营到合同期满
		职工林木	3.07	用材林1.43万亩，需赎买0.81亿元；经济林1.64万亩，有合同的经营到合同期满，无合同的经营5年后退出
原保护区外（43.43）	非国有林木	三大公司林木	20.33	国有土地上用材林16.05万亩，其中桉树面积9.66万亩，其他用材林4.24万亩；集体土地上用材林1.55万亩，其他用材面积2.69万亩，最近一个轮伐期后，转换生产方式，经济林0.04万亩，可经营到合同期满
		其他非国有企业林木	5.13	国有土地上的用材林4.33万亩，其中桉树4.23万亩，其他用材林0.1万亩，最近一个轮伐期后，未满合同期的少量补偿；集体土地上用材林0.64万亩，最近一个轮伐期后，转换生产方式，经济林0.16万亩，可经营到合同期满
		职工林木	1.31	用材林0.54万亩，其中桉树36.75万亩（5409.49亩），最近一个轮伐期后，未满合同期的少量补偿；经济林0.77万亩，有合同的经营到合同期满，无合同后的经营5年后退出

续表

原保护区内 （30.44）	非国有林木	11.32	国有土地上村民和村民集体林木， 用材林 8.41 万亩，需赎买 3.93 亿元；经济林 2.91 万亩，有合 同的经营到合同期满，无合同 的经营 5 年后退出	
原保护区外 （43.43）	非国有林木	11.15	国有土地上村民和村民集体林木， 用材林 9.16 万亩，其中按树 1.42 万亩，最近一个轮伐期后 退出；经济林 1.99 万亩，有合 同的经营到合同期满，无合同 的经营 5 年后退出	

人工林更新和采伐存在制度障碍，处置不恰当可能造成社会风险。《海南热带雨林国家公园条例（试行）》第三十六条规定，"除法律、法规另有规定外，禁止在海南热带雨林国家公园内从事……开山、采石、采矿、砍伐①、开垦、烧荒、挖沙、取土、捕捞、放牧、采药"；第三十九条规定，"原住居民在不扩大现有建设用地和耕地规模前提下，可以修缮生产生活设施，从事生活必需的少量种植、放牧、捕捞、养殖、采药等活动"。《海南人工林处置方案》也没有将一般控制区集体土地上的人工林纳入处置范围，但相关区域内的人工林更新采伐处于停滞状态。国家公园管理政策法规体系还不健全，审批部门和流程不明确，人工林的审批处于暂停状态，群众和企业的林木更新、过熟林采伐诉求强烈，区域内禁伐将给群众生计和相关林业企业运营带来巨大冲击。

此外，更应该考虑人工林的不同区位和敏感度，采取不同的近自然改造策略和技术②。人工林通过自然演替恢复到热带雨林的时间很长，按照研究模型推算，至少需要120年，因此自然恢复的方式不利于国家公园生态系统原真性和完整性保护，也极不利于海南长臂猿栖息地扩大和种群修复，"特别是人工松树类树种含有松脂，为易燃物质，容易引起森林火灾，其长期分布于极为珍稀的海南长臂猿栖息地周边形成重大隐患"③。今后，如何科学地促进人工植被的更新是雨林公园很长一段时间都要考虑的问题。

（二）小水电站清理和整改

小水电站的清理和整改是国家近年来高度重视的问题④，也是各国家公园及试点区面临的生态保护突出问题。总体而言，雨林公园的这类问题横

---

① 关于"砍伐"有不同的解读，自2020年10月1日后地方政府在国家公园范围内没有批采伐证。
② 如核心保护区内人工林已经不适于海南长臂猿生存，必须采取一定的人工干预。
③ 罗梦婕、宋昕泽：《海南热带雨林国家公园丨"生态家底"背后，123.6万亩人工林正走向"近自然"》，腾讯网，2022年9月21日，https://new.qq.com/rain/a/20220921A0235H00。
④ 水利部、国家发展改革委、自然资源部、生态环境部、农业农村部、国家能源局、国家林草局2021年联合印发《关于进一步做好小水电分类整改工作的意见》。

向比较不算严重，但还有诸多工作未做完，且在 2023 年中央生态环保督察中再被专门提及成为雨林公园内不多的问题点。

雨林公园内共有 41 座小水电站，总装机容量 10.14 万千瓦，其中有 9 座小水电站（5 座在核心区、4 座在一般控制区）需要退出，22 座需要进行整改，只有 10 座是绿色小水电站。截至 2023 年底，需要退出的 9 座已全部完成拆除，共使用资金 3135 万元。整改类小水电站中，17 座已完成泄放生态流量和安装生态流量监控设施改造，剩余 5 座正在督促整改（见表 3-2）。

表 3-2　截至 2023 年底雨林公园小水电站处置方案

退出类	整改类		绿色小水电
	已完成	未完成	
9 座	17 座	5 座	10 座

资料来源：由海南热带雨林国家公园管理局提供。

小水电站退出存在执行不严的问题。2021 年 8 月，海南省印发《海南热带雨林国家公园内小水电站一站一策实施方案》，要求清退雨林公园核心保护区内的小水电站。督察发现，该方案制定标准不高，要求不严，部分小水电站应列未列。琼中县天河二级、银河、吊灯岭和昌江县雅加一级 B 等 4 座电站，部分设施位于雨林公园核心保护区，至今仍在运行。督察还发现，琼中县吊灯岭水电站整治方案要求生态下泄流量为 0.58 米³/秒，但实际只有 0.076 米³/秒；昌江县雅加一级 A 电站主坝生态流量下泄口已完全淤堵；昌江县大炎、桐才、雅加一级 B 等电站下游河段基本断流。

小水电站的清理存在着政策方案缺失、职工再就业困难等问题。目前海南省对一般控制区内的小水电站清理整治还没有下达明确的处理意见和方案，还留有部分小水电站未完全清理。毛瑞分局辖区内现有 2 座在国家公园设立前已经建立的引水式小水电站（毛瑞水电站、红沟水电站），由于业主目前无退出意愿且不在核心保护区范围内，暂无法处置。吊罗山分局辖区内共有 9 座小水电站，其中保留的绿色小水电站有 7 座，2 座小水电站已按照《海南省小水电站清理整治方案》列入退出计划，目前已完成竣工验收工作，出具了退出竣工验收鉴定书，但是一些小水电站属于林区森林发展公司，是在岗职工主要的收入来源之一。这类小水电站退出造成的工资发放困难是影响林区社会稳定的潜在风险，需妥善解决职工再就业问题。

另外，小水电站的清理和整改主要是由地方政府完成的，这方面的问题也主要出在地方政府方面。例如，2023年《五指山市贯彻落实海南省第三生态环境保护督察组督察报告整改方案》明确说明："五指山市地处我省水资源源头区域，但市水务部门对小水电整治工作重要性认识不足，对辖区内及整个流域的多级拦水筑坝引发的上下游防洪调度、灌溉、供水、生态系统平衡与保护、上下游区域经济社会可持续发展的相互依存性及相互促进作用认识不清，在清理整改中放松标准，整改严重滞后。"这种滞后包括整改不到位和生态流量不足等。必须说明的是，在这项工作中，中央及省里的资金支持也不到位，这使地方政府和海南热带雨林国家公园管理局开展这项工作殊为困难。

（三）生态搬迁

按《国家公园管理暂行办法》要求"核心保护区原则上禁止人为活动"，雨林公园持续推进核心保护区生态搬迁工作，采取了置换、租赁、地役权等方式进行处置。2020年3月，海南省委、省政府印发《海南热带雨林国家公园生态搬迁方案》（以下简称《搬迁方案》），东方、五指山、保亭、白沙4个市县共有11个自然村被划定在国家公园核心保护区范围内，有470户1885人需要进行易地搬迁。2020年5月，生态搬迁资金56550万元（按30万元/人）足额下达到了相关市县。截至2023年底，除五指山市的5户外，其余已全部签订搬迁协议并陆续迁出，整体搬迁比例超过98%。虽然人员已经基本迁出，但迁出区域生态改造、长期生计扶持都尚未完成。

生态搬迁资金仍有缺口，生态修复、房屋腾退缺乏资金保障。本报告编写课题组在 2024 年初的调研发现，五指山市在生态搬迁方面，供需安置补偿和建设安置房的资金合计近 10 亿元，然而省级层面仅按照人均 30 万元的标准共计下达搬迁资金 1.4 亿元。由于五指山市经济基础薄弱，难以自筹解决巨大的生态补偿资金缺口，且暂无搬迁后村庄的腾退资金，五指山市已经搬迁的 5 个自然村没有下拨原房屋拆除经费，影响了搬迁后的收尾工作。

少量原住居民难离故土，或不愿搬离或搬迁后返回。① 本报告编写课题组在 2024 年初的调研发现，霸王岭片区的东河镇苗村于 2021 年实施生态搬迁，2022 年全村 500 余名居民全部完成搬迁。按照搬迁协议，农户搬迁后不再拥有原居住地的宅基地、生产用地及其地上附着物产权，不得再返回原居住地居住、生产。但实际工作中，为提高原住居民搬迁比例，（依据《搬迁方案》）允许村民返回并在短期（3 年）内管护农业作物。可是管理分局无法掌握具体信息，如哪些搬迁户返回、从事了哪些生产活动等。

生态搬迁人员的未来生计保障需长期关注。为实现生态移民"搬得出、住得下、能致富"的目标，各市县给予农户青苗补偿、提供安置房、公益岗、产业培育、就业指导等，但从各地区异地生态搬迁成效来看，搬迁后群众普遍缺少自我谋生能力，未来生计需要长期帮扶。这是雨林公园及属地政府必须高度重视的问题，如果处理不好很可能造成搬迁成果付诸东流，更可能带来严重的社会稳定风险。

二　建设不科学、改革不充分问题

建设不科学体现在"天窗"问题、违规开发问题、自然资源监测和管理水平较低三方面，改革不充分表现为法律法规体系不完善、统一管理体制不规范、执法机制不顺畅且执法能力不足、"园地融合"机制不健全、编制及专业人员不足等。

---

① 这种问题比较普遍，2003 年国营猕猴岭林场范围内的原冲俄村，在搬迁后有多名原住居民返回居住。目前仍剩 32 处铁皮房由原搬迁户返回居住并进行生产生活，经调查多为老人。

（一）建设不科学问题

1.“天窗”问题

“天窗”是根据国家部委相关要求，保留在国家公园内部的社区、建成区、厂矿、永久基本农田等，是一种特殊空间布局形式。这一概念是在国土空间规划中统筹划定三条控制线（即生态保护红线、永久基本农田、城镇开发边界）的过程中提出的，是国家在空间上调整生态保护红线范围的方式，在自然保护地整合优化中曾经是调处矛盾的重要手段。根据中共中央办公厅、国务院办公厅印发的《关于在国土空间规划中统筹划定落实三条控制线的指导意见》和自然资源部办公厅、国家林业和草原局办公室印发的《生态保护红线划定中有关空间矛盾冲突处理规则的补充通知》的相关要求，“生态保护红线”、“永久基本农田”和“城镇开发边界”不重叠。因此，雨林公园被划出了上百个人类活动“天窗”。

雨林公园中“天窗”数量多，一方面严重影响了生态系统的完整性，另一方面对森林景观和生态系统服务价值（Ecological Service Value，ESV）产生了负面影响。较大尺度生态过程可能被迫因人为划定的“天窗”而中断，对保护动物而言“天窗”可能成为“高危区”。大多数作为主要保护对象的野生动物不可能将这些“天窗”视为其禁区，有些生态过程仍然会利用“天窗”，有时甚至是依赖“天窗”，如候鸟冬季在永久基本农田中觅食。这就说明，“天窗”可能会导致生态系统破碎化和保护对象高危化。

有研究表明[1]，在土地利用类型变化方面，雨林公园“天窗”范围内的建设用地大幅度增加，1980~2020年“天窗”区域建设用地增加了909.09%（见表3-3）。在景观方面，“天窗”内以林地景观为基质景，1980~2020年景观整体上趋于破碎化，斑块变得复杂且不规则：①草地景观减少，同时形成了若干分散的不均匀斑块；②耕地大幅度减少，伴有细碎的小斑块形成；③建设用地零星增加且布局分散；④水域呈现小幅度增加；⑤未利用土地表

---

[1] 李霖明：《海南热带雨林国家公园景观格局及生态系统服务价值时空变化分析》，博士学位论文，海南大学，2022。

现为零星分散增加。这些变化都与人类的建房、修路、人工林培育、耕作等活动密切相关。在生态系统服务价值（ESV）方面，1980~2020 年"天窗"内 ESV 呈现整体降低趋势，"天窗"区每公顷 ESV 减少了 376.53 元。

表 3-3　1980~2020 年雨林公园"天窗"区域土地利用类型变化

时期	单位	土地利用类型					
		草地	耕地	建设用地	林地	水域	未利用土地
1980 年	面积/km²	6.96	25.18	0.55	97.24	2.87	0.00
	占比/%	5.24	18.96	0.41	73.22	2.16	0.00
1990 年	面积/km²	6.96	24.74	0.55	97.68	2.87	0.00
	占比/%	5.24	18.63	0.41	73.55	2.16	0.00
2000 年	面积/km²	6.96	25.14	0.55	97.28	2.87	0.00
	占比/%	5.24	18.93	0.41	73.25	2.16	0.00
2010 年	面积/km²	6.78	24.71	0.96	97.48	2.87	0.00
	占比/%	5.11	18.61	0.72	73.40	2.16	0.00
2020 年	面积/km²	0.71	11.42	5.55	109.50	4.08	1.54
	占比/%	0.53	8.60	4.18	82.45	3.07	1.16
1980~2020 年土地利用类型变化/km²		−6.25	−13.76	5.00	12.26	1.21	1.54
1980~2020 年土地利用类型变化率/%		−89.80	−54.65	909.09	12.61	42.16	——

从管理角度看，"天窗"是多头管理和职能交叉地带。"天窗"已经从国家公园范围内抠出，这些区域的管理理应由属地政府负责，但社区的生产资料（如林地）仍归海南热带雨林国家公园管理局实际管理。属地政府与国家公园管理机构的事权细分并不清晰，管理局与属地政府对于"天窗"管理的出发点有明显差异，这就可能造成"天窗"区域在管理和发展上的混乱。

"天窗"等关联区建设没有统一的规划布局。海南热带雨林国家公园管理局倾向于严格保护且尚未编制相应的发展规划或实施方案，属地政府关于入口社区及"天窗"区的发展目标、产业布局、产品设计缺乏顶层设计引领。这就造成地方（尤其是"天窗"）无法与国家公园形成优势互补和产业串联。

2. 违规开发问题

仍然存在非法侵占林地的问题。2023年第三轮中央生态环保督察指出，五指山花舞人间旅游投资有限公司自2021年起，在雨林公园内违法开垦258.6亩公益林地种植咖啡等经济作物（见图3-1）。东方市东河镇俄贤村更新造林项目位于雨林公园一般控制区，主要种植黄花梨。督察发现，该林地大量套种香蕉等高秆作物，为便于香蕉收割，将黄花梨过度修枝，造成林地破坏。海南省林业科学研究院2023年11月出具的鉴定意见显示：毁林面积8公顷，共3280株，其中胸径大于等于5厘米的225株，小于5厘米的3055株。

图3-1 雨林公园258.6亩公益林地被违法开垦（2023年11月27日）

资料来源：生态环境部官网。

仍然存在矿山非法采石问题。琼中什运宏兴石料场位于雨林公园一般控制区。《海南热带雨林国家公园条例（试行）》规定，禁止在海南国家公园内从事开山、采石、采矿等活动。督察发现，该企业于2020年10月1日至17日违法爆破6次，并持续生产，仅2022年下半年加工石料出库量就达

3.7万吨。督察还发现，该企业一直未落实《矿山地质环境保护规定》明确的"边开采边治理"要求，直到 2021 年 5 月才开始编制矿山修复方案，方案中修整边坡开采石方量高达 13.98 万立方米，琼中县自然资源和规划局指出其存在"以治理之名行开采之实"嫌疑后，才调整为 4.49 万立方米。现场督察时，相关修复工作仍未取得实质性进展（见图 3-2）。

图 3-2　琼中什运宏兴石料场矿区生态修复仍未取得实质性进展

（2023 年 11 月 30 日）

资料来源：生态环境部官网。

3. 自然资源监测和管理水平较低

雨林公园成立两年以来，初步完成海南热带雨林智慧管理平台建设，组织实施了国家公园资源综合调查与监测（一期）项目。但因为历史工作基础薄弱，整体来看，雨林公园自然资源资产核算管理能力弱、监测手段不够智能、常态化的科研和监测体系没有建立起来。

（1）自然资源资产核算管理能力弱

自然资源资产管理对象本底不清，自然分类体系需要细化完善。截至 2023 年底，雨林公园登记单元内森林资源面积为 382811.31 公顷，水资源面积为 10279.56 公顷，湿地资源面积为 508.3 公顷，草原资源面积为 175.78 公顷，荒地资源面积为 20.11 公顷，其他类型资源面积为 33058.83

公顷。现有分类不足以支撑自然资源资产管理需要，核算结果普遍存在精确性低、重复性差、主观性强等缺陷，存在较大局限性。农业种质资源、生物遗产资源等未纳入自然资源资产核算和管理范畴。农林产品、水源涵养、固碳释氧、景观等生态系统服务价值未被精确核算。

（2）监测手段不够智能

雨林公园当前主要监测对象是以海南长臂猿为代表的珍稀濒危野生哺乳动物、鱼类及两栖动物、底栖动物、野生植物等。监测手段有人工野外调查、红外相机拍摄、监测基站、信息化管理护林巡护系统等，已经与海南省林业局智慧雨林平台和国家林草生态网络感知系统平台对接，实现了信息共享。

目前监测内容以生物量为主。虽然雨林公园管理局已编制完成《海南热带雨林国家公园监测体系建设方案》和《海南热带雨林国家公园"天空地"一体化综合监测体系项目初步设计》，相关工作正在不断完善，但还没有完整建立起立体化的生态系统监测系统，对温度、湿度以及碳、氮、水通量等生态指标的监测明显不足，对海南长臂猿以外的物种的监测不足①。"天空地"一体化监测体系以地面监测为主，卫星遥感和无人机遥感监测未实现全天候和全域覆盖。对人类活动干扰、自然灾害的监测和预警主要依赖于人工巡护、户外摄像头等常规手段，规范化、标准化、智能化的"天空地"一体化监测体系还不完善。

（3）常态化的科研体系没有建立起来

雨林公园的科研监测多依托各大高校的科研项目，监测内容和监测标准不统一，监测数据整合难、管理难、共享难。从调研情况看，有上百家单位在做科研监测，但对重点保护动植物的种群动态监测不足；除旗舰物种海南长臂猿外，其他珍稀动植物种群数量、分布及动态变化状况缺乏研究数据，难以支撑国家公园内自然资源的科学保护与合理利用。科研平台及支撑保障体系尚不完善，国家公园管理机构自身基本上没有科研人才及

---

① 例如，水獭是国家公园重要的指示物种，吊罗山的小爪水獭种群是海南仅存的水獭种群，但2019年以后再无可靠的监测发现记录，海南国家公园研究院也未对其专门部署工作。

科技力量，都是通过购买服务的方式开展科研项目，亟须建立并加强科技支撑保障体系。

（二）改革不充分问题

仅从基层管理的体制改革而言，雨林公园是由 19 个自然保护地和国有林场整合建立起来的，既往的管理存在很多问题，国家公园体制试点后，甚至正式建园后体制改革仍未到位。

1. 法律法规体系不完善

由于《国家公园法》仍在征求意见阶段，试点期间海南省人大常委会通过了《海南热带雨林国家公园条例（试行）》。作为过渡性质的法规，现阶段《海南热带雨林国家公园条例（试行）》的部分条款已不适应当前的保护与利用工作，导致部分保护和修复工作难以开展，原住居民的必要生产生活受到限制。例如，《海南热带雨林国家公园条例（试行）》第十四条"核心保护区内采取封禁和自然恢复等方式实行最严格的科学保护"与国家林草局最新印发的《国家公园管理暂行办法》规定核心保护区内允许"因有害生物防治、外来物种入侵等开展的生态修复、病虫害动植物清理等活动"不符。在保护管理实践中，核心保护区内的人工林不适于海南长臂猿生存，有必要采取一定的人工干预，按《海南热带雨林国家公园条例（试行）》要求，此类人工干预无法进行。该条例中第三十六条禁止从事"（二）开山、采石、采矿、砍伐、开垦、烧荒、挖沙、取土、捕捞、放牧、采药"，第三十九条"原住居民在不扩大现有建设用地和耕地规模前提下，可以修缮生产生活设施，从事生活必需的少量种植、放牧、捕捞、养殖、采药等活动"，这两条存在明显矛盾，且在雨林公园范围内现有 129 个自然村，放牧和采药难以避免。此外，海南省人民代表大会常务委员会通过的《海南热带雨林国家公园特许经营管理办法》也由于特许经营目录在修订而未实际发挥作用。

2. 统一管理体制不规范

没有设立独立的管理机构。雨林公园管理局是 5 个正式设立的国家公园中唯一没有相对独立管理机构的（大熊猫国家公园有专职领导和 5 个专门的职能处，与四川省林草局在工作上相对独立），目前雨林公园管理局只是在海南省林业局上加挂一块牌子（共有行政编制 58 名），在省林业局增设海南热带雨林国家公园处、森林防火处，同时在自然保护地管理处加挂执法监督处牌子、林业改革发展处加挂特许经营和社会参与管理处牌子。雨林公园承担着海南省陆域国土面积近 1/8 的自然资源管理工作，但是实际专门负责国家公园业务的只有 1 个国家公园管理处，人员编制力量严重不足。

雨林公园管理局不具备"两个统一行使"职能。雨林公园的全民所有自然资源委托代理机制不健全，存在所有权代行主体、管理主体、使用主体模糊且边界不清等问题。雨林公园内的全民所有自然资源资产所有权由海南省人民政府代行，并将国家公园作为独立的自然资源登记单元。雨林公园是全国最早完成自然资源确权登记的国家公园，但是雨林公园管理局却没有全民所有自然资源资产的产权，部分全民所有自然资源资产仍由原单位实际"代持"①。海南省委、省政府出台《关于实施海南热带雨林国家公园核心保护区建设项目准入等 4 项行政许可事项办事指南的通知》，明确了国家公园核心区内审批事项划归雨林公园管理局，但其所列不能覆盖现实工作中的所有审批事项，仍有部分管理（非林地）审批权留在属地政府。更重要的是，该通知只涉及核心区的行政审批权，一般控制区的管理审批权未进行划转。

雨林公园管理局与省林业局存在职能重叠，与地方政府之间的职责划分不清晰。雨林公园管理局的职责以国家公园内涉林保护管理为主，这与省林业局的职能存在重叠，国家公园内部分非林地管理权仍在属地政府的自然资源、农业农村、水利等部门。雨林公园管理局不具有雨林公园内完整的国土空间用途管制权，也显露出雨林公园管理局与属地政府间"园""地"职责划分不清晰、协调机制不健全、管理与监管没有区分等问题。

雨林公园管理分局的管理体制需要进一步改革。现在 7 个管理分局均为事业单位性质，难以满足行政管理工作的需要，也与中央编办印发的《关于统一规范国家公园管理机构设置的指导意见》（以下简称《统一机构设置

---

① 如前文所述的人工林的处置方式中提到，农垦林木处置方式尚未确定，目前还有农垦"代持"并自行管理。

意见》）中"管理局、管理分局明确为行政机构"要求不符。

3. 执法机制不顺畅且执法能力不足

雨林公园探索了"派驻综合执法＋森林公安执法"的双重派驻执法模式。2018年，在行业公安体制改革的大背景下，海南省森林公安队伍整体划转到海南省公安厅统一管理，除承担《森林法》规定的三条一款执法事项外，不再承担其他林业行政执法工作。2021年，海南又以省政府令（海南省人民政府令第302号）的方式将国家公园区域内涉及42项林业行政处罚事项的林业行政处罚权交由海南省公安厅森林公安分局及其直属分局。林业以外的执法，由属地派驻的综合执法大队承担。这样，在国家公园范围内形成了森林公安和地方综合执法的双重派驻执法体制。

海南省在2019年实行了跨领域综合行政执法改革，省以下各级政府成立了针对"多规合一"管控的跨领域综合行政执法机构，将自然资源、林业、水务、生态环境、住建等部门管控生态保护红线规划、土地利用规划、林地保护和利用规划等涉及的行政处罚权集中到市县跨领域综合行政执法部门。2020年海南省委编办印发了《关于海南热带雨林国家公园区域内市县综合执法机构职能调整的通知》，规定除森林公安履行的涉林行政执法职责之外的其他行政执法职责实行属地综合执法，由各市县综合行政执法机构单独设立国家公园执法大队，分别派驻到国家公园各分局，由国家公园相关各市县人民政府授权国家公园各分局指挥，统一负责国家公园区域内的综合行政执法。

从这几年的实践来看，这种执法在某些方面有整合但执法效率不高，执法人员也不够充足且存在能力问题①，案件处置衔接机制不明确。这方面的问题被第三轮中央生态环保督察发现，以下举两例。

第一例，2021年6月30日雨林公园管理局五指山分局将五指山花舞人间旅游投资有限公司毁林种咖啡违法问题函告五指山市综合行政执法局。

---

① 《五指山市贯彻落实海南省第三生态环境保护督察组督察报告整改方案》中专有一条点明：基层环保干部普遍存在学历低、法律意识淡薄，执法队伍综合素质跟不上形势发展需要。如2021年组织开展的5次执法专项行动，均报未发现违法行为；在天山丽田文旅康养中心项目水土保持措施落实不到位案件查处中，市综合行政执法局适用法律错误，其处罚依照"《中华人民共和国水土保持法》第三十六条"条款内容与处罚内容不相符。

五指山市综合行政执法局现场调查后，于 2021 年 7 月 22 日同一天，一方面向该企业下发《责令停止违法（章）行为通知书》，另一方面又回复雨林公园管理局五指山分局称该企业的行为不违法。此后，该企业未停止违法行为，五指山市综合行政执法局也未依法采取强制措施制止。这说明雨林公园管理局缺少必要的执法职能，案件上报的处置方式不仅效率低且容易造成执法漏洞。

第二例，乐东县派驻尖峰岭的执法大队有 5 人，经常被县综合行政执法局调任负责国家公园以外的其他工作，加上缺少车辆等必要的执法装备，现有人手难以承担国家公园内的执法工作。国家公园内的案件发生地点大多离地方派出所较远，由于信息不对称、执法可达性等问题，市县的综合派驻执法效率不高。例如，2022 年毛瑞分局共接到报案 38 宗，截至 2023 年 8 月仅破案 8 宗；而且在案件查处后，地上物清除处置没有明确负责部门。琼中县派驻黎母山的执法大队（人员编制 5 人），没有明确的工作职责（不实际负责国家公园内有关行政案件），已全部被县综合行政执法局撤回，造成本应由执法大队查处的行政案件缺少受理主体。此外，办理案件需要聘请第三方开展鉴定，然而目前鉴定经费落实较为困难，案件查处效率受到一定制约。此外，治安执法也存在问题。国家公园内红外相机被盗属社会治安问题，由于涉及乡镇多，距离案发地点远，加上相机布控地点地形复杂，相关案件查处难度大。

发生这类问题的原因主要有四。①协调机制不健全、信息共享不充分问题严重制约了执法效能。由于森林公安仍是以省公安厅领导为主，综合行政执法队伍是由市县授权国家公园各分局领导，两者与国家公园管理局均没有隶属关系，这方面的执法普遍存在权责不清、案件处置不及时、履职不积极等情况。②森林公安行使的 42 项涉林处罚事项虽然涵盖了国家公园内常见的涉林案件类型，但只是全部林业行政事项的一部分①，由此又带

---

① 最新修订的《海南省林业行政处罚自由裁量细化基准》显示，林业行政事项可细分为 134 种，分别是林木种子种苗、植物新品种保护和营造林管理违法行为（37 种），森林（林木）采伐、古树名木、林地管理违法行为（19 种），野生动物、植物和自然保护区、森林旅游、红树林、湿地管理、海南热带雨林国家公园特许经营违法行为（55 种），森林防火、森林病虫害和森林植物检疫管理违法行为（23 种）。

来了森林公安和派驻综合执法大队之间，以及森林公安和市县公安之间的事权协调问题。③在国家公园范围内，跨市县的违法行为难以处理，国家公园7个管理分局涉及9个市县，不同地区的执法派驻关系不同，有些地方可能存在执法漏洞。国家公园内发生的破坏行为可能涉及多项违法、跨多个市县，从巡护发现、初步处置、报案到执法部门现场鉴定、讯问，最后到处罚落实，涉及许多环节，按事项、按地域执法的模式适用性较差。④执法专业性不强。执法大队在人员、装备、经费、专业等各方面都无法满足执法要求，面临林业案件专业认定难的问题，外聘专业审查团队又缺少必要的经费。

专栏 3-1　海南省人民政府关于由海南省公安厅森林公安局及其直属分局行使海南热带雨林国家公园区域内林业行政处罚权的决定

根据《中华人民共和国行政处罚法》第十八条第二款"国务院或者省、自治区、直辖市人民政府可以决定一个行政机关行使有关行政机关的行政处罚权"的规定，以及《中共海南省委办公厅海南省人民政府办公厅印发〈关于深化综合行政执法体制改革的实施意见〉的通知》（琼办发〔2019〕83号）有关要求，海南省人民政府决定，由海南省公安厅森林公安局及其直属分局以本单位的名义行使海南热带雨林国家公园区域内涉及42项林业行政处罚事项的林业行政处罚权（目录附后）。

海南省林业局应当加强业务指导，共同做好涉林行政案件查处工作。

4."园地融合"机制不健全

"园地融合"的首要工作是规划衔接。各国家公园规划体系与省市国土空间规划体系的协调度都不高：国家公园管理机构在总体规划和专项规划编制过程中，主要考虑国家公园管理机构自身职能，与地方经济社会发展的相关规划衔接不到位；地方在制定相关规划时，对国家公园建设和发展的相关需求考虑不足。这些问题在雨林公园同样明显，国家公园与地方规划衔接不及时，规划编制中普遍缺乏沟通，严重影响了国家公园相关工作的推进。如部分国家公园内和周边社区必需的饮水、道路等民生设施没有纳入国家公园相关规划，施工阶段因缺乏建设依据而无法落地。调查发现，各市县编制的"十四五"交通规划均未纳入国家公园交通规划。例如，昌江县王下乡拟对国家公园一般控制区内靠近"天窗"社区的宽度 3.5 米的道路进行硬化，虽然资金已经落实，但由于未纳入国家公园规划，项目无法推进。又如，尖峰岭分局的"五网"等公共服务基础设施没能纳入地方规划，也缺乏专项资金投入。在绿色发展方面，国家公园管理局与属地政府缺乏协商谋划，项目布局或难以落地。在保亭县，国家公园入口社区未衔接保亭县"三区三线"规划，因此项目没有建设用地指标，对后期开展入口社区详细规划编制和项目落地有较大影响。

社区共管方面的问题同样突出。目前，7 个管理分局虽与相关市县政府建立了社区协调机制，但存在管理空白、协调不足和事权划分不清的问题。社区协调委员会缺少决策效力，社区协调委员会（以下简称"协调会"）没有实际发挥作用。有的地区是召开过协调会并形成了问题清单，但没有解决问题的跟踪考核机制；有的是只召开了协调会，连问题清单都没有形成，会议只是走过场；甚至还有一些连协调会都没有召开过。如霸王岭分局曾经向东方市政府发函争取召开协调会，明确列出了需要市政府及相关部门协调解决的具体事项，但由于东方市分管领导变动频繁、相关部门配合不积极等原因，至调研时社区协调会仍难以召开。部分管理分局和属地政府缺少沟通的主动性。如尖峰岭分局还没有专门部门负责社区协调工作，没有建立起行之有效的沟通协调机制，已经成立的社区协调委员会形同虚设①。

管理分局与国家公园属地基层政府在有的共同事权上职责边界不清、沟通不畅、相互推诿，"天窗"及相邻社区存在多头管理的问题。第三轮中央生态环保督察通报的东方市东河镇俄贤村更新造林项目案例中，海南省林业科学研究院已经出具毁林情况的鉴定意见，但东方市自然资源和规划局违反《海南热带雨林国家公园条例（试行）》有关规定，擅自于 2021 年 3 月发放 5 份共计 214.6 亩的林木采伐许可证，雨林公园管理局霸王岭分局函告后才收回。这充分说明管理分局与地方政府相关职能部门之间的协调

---

① 只有人员组成，没有具体分工，没有工作经费，更没有正常开展工作。

机制尚未建立起来。

雨林公园建设项目的行政许可审批不够规范、操作流程不够细化，特别是涉及原住居民的道路维护、集体土地生产管护、防灾减灾、饮水、灌溉等民生设施，双方审核意见往往存在冲突。有些分局由林场转制而来，原管区体制下的社区管理和公共服务职能要转交属地政府，在此过程中出现了移交不及时、衔接不到位等情况。调研发现，霸王岭、尖峰岭、吊罗山等分局与驻地政府的社会管理职能划转至今尚未完成。尖峰岭原先的管区"名亡实存"，尖峰镇人民政府对这些管区没有管理权限，在社区管理和公共服务方面的大部分工作中还需要先与尖峰岭分局对接。除了公安、学校和医院外，消防、饮水等社会管理和公共服务职能仍未转交给属地政府，部分管理分局还承担部分社会管理任务，这一定程度影响了国家公园保护管理工作。

国家公园管理机构与地方政府的协调沟通衔接不畅。国家公园管理局及分局倾向以保护为主，对于国家公园一般控制区、入口社区、"天窗"等不同区域的人类活动存在"一刀切"思想，缺乏与地方政府沟通协作的积极性。属地政府缺少"国之大者"的政治站位并且忽视"生态保护第一"的管理要求，项目布局往往忽视了生态影响，也缺少生态产品价值实现的可行思路。"园""地"统筹不畅在一定程度上影响了雨林公园保护与利用各项工作的推进。

5. 编制及专业人员不足

迄今为止，雨林公园存在明显的工作人员结构性短缺问题。省级层面国家公园建设工作领导小组尚未调整到位，领导小组办公室力量薄弱，没有专班人员对接、协调中央编办等相关部委工作。在管理局层面，海南省林业局实际上仅有雨林公园处几位工作人员兼顾日常统筹协调工作，难以承担国家公园各项重点任务的协调推进工作。在分局层面，实际在编人员远少于计划编制人员，还普遍存在人员年龄结构不合理、高端人才短缺、人才激励机制不完善等问题，现有人员中普遍缺少科研调查、生态监测调查、保护监测、疫源疫病等国家公园科学保护和管理所需要的专业人才。

三 绿色发展三处短板

2023 年海南热带雨林国家公园建设工作推进小组第 1 次会议指出："激发国家公园经济效益。要以'挖掘、保护、利用'为主线，推动国家公园建设提质增效，进一步丰富国家公园品牌体系，大力抓好重点领域保护，着力提升绿色发展水平。"目前雨林公园在绿色发展方面有三处短板。①顶层设计不健全，特色优势没有挖掘或转化不充分。产业发展缺乏总体规划和引领，体现自然资源特色和文化禀赋优势的产业布局和产业融合还没有完成。②基础设施落后，产业发展水平低。公园及邻接社区提供的住宿、餐饮、交通等服务水平低，产业发展普遍存在结构单一、同质化严重、特色不明显等问题。③特许经营未破题。由于特许经营目录还在修改调整，必要的住宿餐饮、生态体验、科普教育、商品销售等经营服务类活动无法以特许经营的方式开展，国家公园的品牌价值挖掘不足。

（一）顶层设计不健全，特色优势没有挖掘或转化不充分

国家公园的产业发展缺乏总体规划和引领，体现自然资源特色和文化禀赋优势的产业布局和产业融合还没有完成，相关基础设施建设规划、生态产业发展规划还没有完成。属地政府倾向于利用、追求经济发展，对于国家公园的定位、管控要求等的认识和理解还有偏差，绿色发展思路不清晰，忽视了国家公园这个金字招牌对地方经济发展的积极促进作用。园内园外没有形成优势互补和产业串联，缺乏依托国家公园品牌高质量发展的思路，"两山"的转化路径还不清晰。

特色优势没有挖掘或转化不充分。目前，雨林公园的业态还停留在观光游览或自然导赏初级阶段，体验项目和旅游线路单一，缺乏成熟的产品体系及主题旅游线路，缺乏生态旅游、自然教育、森林康养等新型产业业态。优势特色农产品挖掘不足，以茶产业为例，据热带雨林国家公园管理局 2023 年的统计，雨林公园内有近 10 万株古茶树，如何将古茶树转变成

"钱库"是今后绿色发展需要回答的重要问题。经基因测序证实海南大叶茶是独立于全球其他地区的品种，独具特色且优势显著。但目前生产加工企业规模均较小①，主要是小作坊式生产，没有形成标准化的生产体系、现代化的产业体系和惠益共享化的经营体系。雨林公园的茶叶离精品高端茶产业差距较远，五指山的大叶茶批量产品最高只能卖到 1000~2000 元/斤，相比于武夷山茶有较大差距。生态体验类的业态更是简单，目前规划的项目依然是以观光类游览为主，如尖峰岭看日出、海南最高峰五指山登顶等，真正能体现雨林公园特色和全民公益性的自然研学、生态体验导览等尚未运营。

缺乏利用国家公园金字招牌促进地方经济发展的具体指导政策，虽然国家公园是发展的金字招牌，但如何在保护生物多样性资源的基础上，充分合理地使用这块金字招牌助推地方经济发展还缺乏具体的政策措施和指导文件，很难将工作落到实处。雨林公园的特许经营目录还在修改，产业发展方向不够明确，"两山"转化能力不足。

（二）基础设施落后，产业发展水平低

雨林公园的访客可进入区域整体通达性较差，园内及邻近社区的接待服务能力弱，限制了生态产业发展。首先，产业的软硬件配套有待完善，国家公园中原有一些生态旅游、自然教育与体验步道（或栈道）年久失修，科普馆、博物馆、标识引导宣传牌、铭牌、休息亭、服务站、旅游厕所、游客中心等服务设施不完善。特别是一些代表性的网红打卡地，如尖峰岭看日出因基础设施落后而受到限制。部分旅游线路没有栈道、休息亭、服务站、旅游厕所等基础服务设施，甚至很多地方没有通信信号，常有访客迷路，存在极大的安全隐患。其次，自然教育缺乏完善的解说系统和稳定专业的讲解队伍，研学项目没有课程体系，国家公园未能体现自然教育"前沿阵地"的功能，生态旅游及自然教育等项目的规划、设计、运营水平欠佳，专业人员严重缺乏。

---

① 目前五指山种植面积约 6000 亩，白沙种植面积不足 10000 亩。

特色农产品加工大多是传统粗放利用的"家庭作坊生产"模式，普遍存在产品单一、同质化严重、文化内核不足、特色不明显等问题。五指山市仅有茶产业链比较完整，其他林下产业还处于探索阶段，普遍存在产业链条不够长、精深加工能力弱、产品附加值偏低的问题，研发、加工、销售等环节相对滞后，缺乏市场竞争力。雨林公园管理局和地方政府在产业发展方面的统筹协调不够，园内、园外和山上、山下的产业布局没有完成。产业的品牌体系、经营体系都不健全，雨林公园的产业整体呈现"原始状态"。

（三）特许经营未破题

雨林公园的特许经营制度体系还不完善，相关行政审批事项缺乏操作和执行规范，使得特许经营难以落地，严重影响国家公园绿色发展成效。虽然海南省人大常委会于2020年印发了《海南热带雨林国家公园特许经营管理办法》，但受国家层面政策法规相关指示不明晰及该管理办法本身科学性不强等多种因素的影响，2020年印发的《海南热带雨林国家公园特许经营目录》被国家林草局要求撤回，这导致特许经营项目无法在雨林公园内落地。虽然《海南热带雨林国家公园特许经营管理办法》明确了特许经营产业内容，也明确了特许经营活动的授权人，但是没有细化如何申请授权、审批、实施、监管、退出等流程，项目审批和特许经营授权的操作性不强。海南省目前尚未出台新的特许经营目录，国家公园内的生态旅游、研学体验、餐饮住宿等产业经营缺乏政策依据。

总之，雨林公园存在历史遗留问题，建设不科学、改革不充分问题，还存在绿色发展领域的三处短板。在这些问题中，有些历史遗留问题有可能随建设和改革进程逐渐消减，目前要解决的重点问题是建设不科学、改革不充分，绿色发展短板也需要进一步深入改革才能予以制度性补齐。这些改革难点既有全国性的制度障碍，又有海南的特殊难题。需要因地制宜，又要"摸着石头过河"，系统性梳理这些问题背后的改革需求和难点才能有的放矢地提出未来深化改革的方案和重点项目设置建议。

第二节
深化改革和发展的需求及难点

到 2023 年底，雨林公园已经正式设立两年多。当时按国家林草局的工作部署，雨林公园管理局完成了《海南热带雨林国家公园建设成效自评估报告》并接受了雨林公园建设成效实地评估工作。结合这些评估结果与上文分析，雨林公园建设仍需进一步深化改革、解决难点问题，这样才能按国际标准在国家公园和海南省推动生物多样性主流化进程。

一 改革和发展的需求

2023 年海南热带雨林国家公园建设工作推进小组第 1 次会议指出，建立多层级"园地"协调工作机制。双方应制度化地合理分工、各尽所长，认识好"四库"作用、找出"钱库"的实现路径、将保护成果以特色产品增值的形式体现为发展成果，就成为"园""地"协调工作的关键。这些任务既是改革的重点也是改革的难点。

（一）优化管理单位体制

管理单位体制是国家公园管理的基础，它包括管理机构的设置方式（机构的形式、级别、人员待遇等）和权责范围（重点指权力划分）。

一是单独设立管理局。根据中央编委于 2020 年 10 月印发的《统一机构设置意见》，"实行一个国家公园一套管理机构，整合园区内相关机构和人员编制组建国家公园管理机构，合理设定机构级别和管理层级"。国家公园管理不同于林业系统的行业管理，而是对国家公园范围的国土空间管理，必然涉及林业以外的自然资源资产和政府职能，工作职能的大转变就说明在海南省林业局"加挂牌子"只能是试点期间的过渡制度。未来需要在

"三定方案"中明确提出单独设立雨林公园管理局，列入省政府派出机构，实现"一个国家公园一套管理机构"。重点调整分局体制，逐渐剥离社会管理职能，完成管理分局与属地政府的权力交割、明确双方的权责边界和协作机制，帮助分局化解其债务风险。

二是人员身份转换。按《统一机构设置意见》要求，国家公园管理局、管理分局须被明确为行政机构，将管理分局人员转变为行政编制人员。

三是逐步实现"两个统一行使"。"两个统一行使"是指由国家公园管理局统一行使全民所有自然资源资产所有权和国土空间用途管制权，前者是国土空间管理的基础制度，后者是核心制度。目前，雨林公园已经完成了全民所有自然资源资产登记工作，但相应的所有权仍由林业、水利、农业、自然资源等部门代行。为保证雨林公园的统一高质量管理，需要保障雨林公园管理局的"两个统一行使"权力。国家公园是《全民所有自然资源资产所有权委托代理机制试点方案》确定的 8 类开展所有权委托代理试点的自然资源资产（含自然生态空间）之一，雨林公园管理局可争取在此次试点中获得公园内的全民所有自然资源资产的产权。获得"国土空间用途管制权"的方式有两种：其一，在《海南热带雨林国家公园条例（试行）》修订时对"两个统一行使"职能予以明确；其二，通过省政府出台文件的方式将涉及的管理权划转至雨林公园管理局。此外，还可以通过前置审批的方式获得部分国土空间用途管制权，但这种方式的管理效能远不如前两种方式，只能作为过渡方案。

四是建立监管制度。按《统一机构设置意见》要求，国家公园管理机构负责园区内生态保护修复工作，承担园区内特许经营管理、社会参与管理、宣传推介等工作，即负责国家公园的日常管理工作。与之相对应的是监管工作，是指政府行政机构根据法律，制定并执行规章的行为，并对规章执行成效予以检验。国家公园管理局在日常管理中，其管理手段、程序是否合法，执法是否准确，以及在较大尺度生态环境管理方面的效果如何，都需要相关部门依法监管并进行外部评估。这些相关部门不直接参与国家公园的日常管理，而是通过事前规范、事中监控、事后问责，实现对国家公园的外部监督。如生态环境部门（具有协调和监督生态保护修复、《生物多样性公约》履约等职能）、农业农村部门（负责水生野生动植物保护）、水利部门（水资源的产权管理和使用管理）等其他相关部门需要在各自领域依法对国家公园的行政主体进行监管。雨林公园的监管体制需要逐步建立起来。

专栏 3-2　国家公园内自然资源资产管理要求

（一）关于统筹推进自然资源资产产权制度改革的指导意见

加快自然资源统一确权登记。总结自然资源统一确权登记试点经验，完善确权登记办法和规则，推动确权登记法治化，重点推进国家公园等各类自然保护地、重点国有林区、湿地、大江大河重要生态空间确权登记工作，将全民所有自然资源资产所有权代表行使主体登记为国务院自然资源主管部门，逐步实现自然资源确权登记全覆盖，清晰界定全部国土空间各类自然资源资产的产权主体，划清各类自然资源资产所有权、使用权的边界。建立健全登记信息管理基础平台，提升公共服务能力和水平。

强化自然资源整体保护。对生态功能重要的公益性自然资源资产，加快构建以国家公园为主体的自然保护地体系。国家公园范围内的全民所有自然资源资产所有权由国务院自然资源主管部门行使或委托相关部门、省级政府代理行使。条件成熟时，逐步过渡到国家公园内全民所有自然资源资产所有权由国务院自然资源主管部门直接行使。已批准的国家公园体制试点全民所有自然资源资产所有权具体行使主体在试点期间可暂不调整。积极预防、及时制止破坏自然资源资产行为，强化自然资源资产损害赔偿责任。探索建立政府主导、企业和社会参与、市场化运作、可持续的生态保护补偿机制，对履行自然资源资产保护义务的权利主体给予合理补偿。健全自然保护地内自然资源资产特许经营权等制度，构建以产业生态化和生态产业化为主体的生态经济体系。

（二）全民所有自然资源资产所有权委托代理机制试点方案

针对全民所有的土地、矿产、海洋、森林、草原、湿地、水、国家

公园等 8 类自然资源资产（含自然生态空间）开展所有权委托代理试点。一是明确所有权行使模式，国务院代表国家行使全民所有自然资源所有权，授权自然资源部统一履行全民所有自然资源资产所有者职责，部分职责由自然资源部直接履行，部分职责由自然资源部委托省级、市地级政府代理履行，法律另有规定的依照其规定。二是编制自然资源清单并明确委托人和代理人权责，自然资源部会同有关部门编制中央政府直接行使所有权的自然资源清单，试点地区编制省级和市地级政府代理履行所有者职责的自然资源清单。三是依据委托代理权责依法行权履职，有关部门、省级和市地级政府按照所有者职责，建立健全所有权管理体系。四是研究探索不同资源种类的委托管理目标和工作重点。五是完善委托代理配套制度，探索建立履行所有者职责的考核机制，建立代理人向委托人报告受托资产管理及职责履行情况的工作机制。

（二）优化"园地"协作机制

雨林公园正式设立后，国家公园管理局和地方政府形成合力、处理好保护与发展的关系就是重中之重。这个过程中就要界定好国家公园管理局与地方政府的权责边界。中共中央办公厅、国务院办公厅 2017 年印发的《建立国家公园体制总体方案》（以下简称《总体方案》）和中央编委 2020 年印发的《统一机构设置意见》对"园"和"地"的职责有系统规定，《海南热带雨林国家公园总体规划（2023—2030 年）》也要求"雨林公园管理机构与地方政府、社区等建立共建共管机制，成立社区共建共管委员会，明确职责划分"。《海南热带雨林国家公园权力和责任清单》中已经大体明确了权责划分。简单来看，国家公园管理局负责园内生态环境相关的所有事宜，地方政府负责经济社会发展相关工作。从工作内容上看，两个主体间存在职能交叉，如特许经营与市场监管、经济社会发展与国家公园的自然资源资产管理都有直接关联。因此细分清楚国家公园管理局（及分局）与地方政府间的职责边界并明确合作机制是实现保护与发展协调的基础，在基层工作中两者管理的重点和难点在社区事务，且这种协助机制也有助于解除"天窗"等带来的不利影响。

协调合作的前提条件是国家公园与属地政府在规划上的衔接与统一。国土空间规划是国家空间发展的指南和各类开发保护建设活动的基本依据。国家公园作为独立的空间单元，属于国土空间规划中的生态空间。我国实行"五级三类"的国土空间规划体系①，国家公园规划体系应该如何嵌入统一的国家规划体系和国土空间规划体系，如何理顺国家公园规划与不同层级行政区国土空间规划之间的关系尚需要在《国家公园法》中进行明确。雨林公园中已经出现了多次双方规划不一致导致工程停工的情况，未来需要建立规划"互审"机制，保证规划项目符合双方规划体系。对于目前双方规划项目无法顺利落实的问题，需要加强双方协作解决：属地政府规划的但未纳入国家公园规划的项目，由雨林公园管理局与地方联合出资补充生物多样性评估，对评估合格的项目应尽快纳入国家公园相应的专项规划；国家公园规划谋划的但未纳入地方国土空间规划的项目，在保证雨林公园管理局的"两个统一行使"职能后建设审批权也一并划转至雨林公园管理局，在一定程度上可以解决规划不衔接问题。按国家顶层设计思路，国家公园总体规划的层级高于地方政府规划，需要推动属地政府空间规划与国家公园总体规划主动衔接。未来国家公园的专项规划、入口社区与"天窗"建设详规都需要双方共同审核，提高规划决策的科学性、合理性以及可行性。

明确国家公园管理局与属地政府的财政事权。社区居民的就业引导和培训等与国家公园保护管理职责相关的事权，应该由国家公园管理局（及分局）负责履行并配有专门资金。绿色发展、农村新型合作经济组织培育虽然原则上属于地方事权，但受制于"生态保护第一"的目标，国家公园须设立专项引导资金，鼓励发展绿色林下经济、绿色种植业。同时，农村

---

① "五级"是指纵向上对应我国的行政管理体系，分国家级、省级、市级、县级、乡镇级五个层级，国家级、省级和市县与乡镇级分别侧重战略性、协调性与实施性；"三类"是指总体规划、详细规划、相关的专项规划，相关的专项规划一般是由自然资源部门或者相关部门来组织编制，可在国家级、省级和市县级层面进行编制，特别是对特定的区域或者流域，为体现特定功能对空间开发保护利用作出的专门性安排。

新型合作经济组织对于特许经营的有序开展非常重要，国家公园管理局也应该适度安排引导资金。

支持各管理分局与地方政府之间建立起社区协调机制，共同开展历史遗留问题解决、"天窗"管理等工作。正式建园两年以来，"园"与"地"之间虽然没有明显矛盾，但双方的联席会议机制还停留在形式层面，无法形成合力"谋发展"的运行机制。部分国家公园管理人员对于国家公园的科学保护与合理利用认识不准确，对人类活动存在"一刀切"思想，缺乏与地方政府沟通协作的积极性；部分属地政府对于国家公园的功能定位、范围分区、管控要求等理解不到位，没有充分认识到国家公园这个金字招牌对地方经济发展的积极促进作用，缺乏与国家公园管理机构沟通的主动性。需要进一步明确属地政府与国家公园管理局（及分局）的职责边界，做实社区协调机制，学习三江源国家公园的经验，推动双方领导干部交叉任职以及落实"协调委员会决策效力与双方党委会决策等同效力"。建立保护发展综合评价体系，建立与保护成效挂钩的综合考核考评、转移支付等激励机制，促进"园""地"深度融合。

（三）优化执法机制

根据《统一机构设置意见》，"国家公园管理机构依法履行自然资源、林业草原等领域执法职责；园区内生态环境综合执法可实行属地综合执法，或根据属地政府授权由国家公园管理机构承担，并接受生态环境部门监督"。《总体方案》提出，"可根据实际需要，授权国家公园管理机构履行国家公园范围内必要的资源环境综合执法职责"。《海南热带雨林国家公园总体规划（2023—2030年）》中也要求"建立执法协作机制。组建统一规范的雨林公园执法队伍……强化雨林公园内及关联区域综合行政执法监管"。

从生态保护的角度看，"山水林田湖草"是一个生命共同体，分散的执法体制割裂了生态系统的完整性，不利于自然资源资产的统一保护管理，需要通过一套综合执法体系来统一行使执法权。从执法效率的角度看，资源环境违法行为是多头执法频发的领域，往往同时涉及多项行政处罚事项，需要明确一个统一执法机构，以避免事权纠纷。比如，开矿这一违法行为往往同时伴随破坏野生动物栖息地行为，在《国务院办公厅关于生态环境保护综合行政执法有关事项的通知》（国办函〔2020〕18号）印发后，这两项违法行为的行政处罚权分别由地方生态环境部门和自然保护地管理机构行使，增加了两个部门之间事权纠纷的可能性。同样的事权纠纷还可能发生在国家公园管理部门和自然资源、农业农村、水利等部门之间。从责权利统一和信息对称原则看，国家公园管理机构行使资源环境综合执法权更符合事权划分原则。一方面，由于资源环境违法行为背后的脱贫、就业和发展利益，由地方行政机构行使行政处罚权违背了激励相容原则，在实践中很难对违法行为进行有效阻止。另一方面，按照"谁审批、谁执法"的事权划分要求，国家公园管理机构应该承担国家公园范围内国土空间用途管制权（主要是准入和转用审批权），相应地应该配置资源环境综合执法权，这符合责权统一的事权划分原则。

雨林公园的综合执法体制改革在全国有一定的探索价值，但仍存在多头执法、配合衔接不及时、执法效率不高等问题，需要进一步理顺执法体制。根据《总体方案》《统一机构设置意见》的精神，雨林公园应该组建单独的资源环境综合执法队伍。在雨林公园管理局加设综合执法大队、分局增设综合执法支队，执法人员由相关市县综合行政执法局划转，由雨林公园管理局综合执法队伍直接处置案件，不再分地域处理行政执法工作。在海南全省推广全面综合执法的情况下，雨林公园按照《总体方案》的要求推进资源环境综合执法，既能够体现国家公园这类独立自然资源登记单元的整体性、特殊性（山水林田湖草高度关联的生命共同体），也能够体现国家公园内资源环境综合执法的专业性和及时性。

对于森林公安，可以将全部资源环境行政处罚事项都交给森林公安行使处罚权，这样可以尽可能减少事权摩擦，并且可以考虑授权森林公安负责国家公园内治安刑事案件的侦查工作，以提高国家公园内治安执法可达性和执法效率。加强资金保障，设立专项资金用于执法过程中的第三方认证，加强人员培训，提高综合执法队伍及森林公安的专业水平和业务能力。

（四）探索生态产品价值实现机制

生物多样性资源的可持续利用是联合国《生物多样性公约》的三大理念之一，也是"昆蒙框架"2050年愿景中的长期目标B，绿色发展与生态产品价值实现是达成这一目标的主要方式。"加大绿色产业扶持力度，探索'两山'转化路径"是《海南热带雨林国家公园总体规划（2023—2030年）》中提到的重点内容，要"转型升级农副产品、生物医药等加工制造产业，激活自然教育、生态体验等文化服务产业，推动'三产'融合发展，构建多元化绿色产业发展体系"。认识好"四库"作用、找出"钱库"的实现路径、将保护成果以特色产品增值的形式体现为发展成果，是实现绿色发展的关键。占全省陆域面积1/8的热带雨林公园和相关市县，在2020年脱贫后，如何发挥雨林公园在国家生态文明试验区、生态产品价值实现试验区中的先导性作用，激发国家公园经济效益、推进乡村振兴，成为海南热带雨林国家公园管理局所必须回应的时代之问。

首先要建立健全生态产品调查监测体系，结合国家公园科研监测和智慧雨林建设，定期开展生态产品基础信息调查。常态化进行GEP核算并推动核算成果应用。建立生态产品价值核算的制度体系和GEP核算的地方标准，将生态产品价值实现纳入海南自贸港、国家生态文明试验区（海南）规划，推动核算成果在国土空间管控、开发经营融资、生态资源权益交易等领域的应用。

从实现路径来看，有以下三条典型模式。一是以热带雨林为主要吸引物的生态旅游。可以把与生态相关的广义的旅游产业细分为三大类：①生态旅游（狭义），以优美良好的自然环境为主要吸引物的旅游活动，包括观光游览，如尖峰岭看日出、森林游径徒步等；②自然教育，以教育为主要目的、系统化的深度体验活动，如自然学校和自然研学[①]；③健康养生，具

[①] 自然研学是面向初中及以上的学生和部分成年人设置的中长期专业体验课程，包括系统的野生动物监测、森林大样地监测、野外巡护工作体验、标本制作等，有完整的课程教材（自然教育手册等）。

有疗养康复性质的依托良好环境的复合型度假旅游活动，如康复性质的疗养和特定区域的养老等。这些体验项目中也需要穿插带入"黎苗族人文资源"，以提供全方位的热带雨林体验。二是以"风土"为基础的特色农业。风土的要素包括农产品品种、生产环境（土壤、地形、小气候等）、加工方式，集自然环境、人工制造和地方文化三方面内容于一体，是依托自然、人文等多要素风土资源，形成的独特的产业模式，所产出的农产品及加工品带有明确的地理区位属性并满足全产业链的质量标准，因而获得稳定的增值。热带雨林的南药、山兰稻米、菌菇都具有区域特色，结合特色加工方式可能打造顶级的"风土产品"。三是以动植物基因资源为基础的生物医药。热带雨林是生物多样性宝库，以此为基础发展的生物医药产业将是雨林公园的高科技产业，也将是海南岛未来科技产业错位发展的方向。需要注意的是，这三条线并非相互独立，而是可以相互衔接、嵌套，如风土要素也是特色农旅融合的旅游"标志物"，能够打造"风土"体验式旅游产品。访客在多功能的茶庄/酒庄停留亲身体验当地"风土"感受，深入了解当地历史文化和游览生态地理景观，同时能带动特色产品的销售。

　　但是，传统产品和传统工艺都有质量、效率、稳定性等方面的问题，特色产业要植入现代化生产要素，才可能稳定地获得市场增值，这是生态产品价值实现的基础。根据《"十四五"推进农业农村现代化规划》和历年中央1号文件精神，结合雨林公园及其周边地区的资源基础和发展条件，建设现代农业产业体系、生产体系、经营体系[①]是产业现代化的重点。一是现代化的产业体系，需要因地制宜发展生态产业，适度提高规模化水平和产业集中度，纵向延伸产业链条，横向拓展产业功能，促进产业融合发展。

---

① 建设现代农业产业体系、生产体系、经营体系，是习近平总书记关于现代农业建设和农业现代化发展的重要思想。2015年3月，习近平总书记在参加十二届全国人大三次会议吉林代表团审议时的重要讲话中，首次提出建设现代农业产业体系、生产体系、经营体系这一重要思想，指出一个国家要真正实现现代化，没有农业现代化是不行的。党的十九大报告把构建现代农业产业体系、生产体系、经营体系作为"三农"工作部署的重要内容，充分体现了构建现代农业产业体系、生产体系、经营体系的重要性。"三个体系"是现代农业内在特质和发展规律的全面体现。其中，产业体系是现代农业的结构骨架，生产体系是现代农业的动力支撑，经营体系是现代农业的运行保障。

二是现代化的生产体系，转变农业要素投入方式推进"新四化"①，打造雨林公园品牌增值体系，推动产品标准化和增值化。三是现代化的经营体系，培育农业新型经营主体，鼓励发展多种形式适度规模经营。打造一批家庭农场，培育高质量农民合作社，完善新型农业经营主体金融保险、用地保障等政策，推动新型农业经营主体与小农户建立利益联结机制，实现增值收益农民持续分享。

品牌增值体系是生态产品价值实现的关键手段。以国家公园产品品牌增值体系为依托，科学合理地发展相互关联的三次产业，初步建立包括产业和产品发展指导体系、产品质量标准体系、产品国际认证体系、品牌监管和推广体系在内的雨林公园品牌增值体系。以海南长臂猿为品牌形象，使相关农副产品、文化产品和生态体验产品在产业升级的同时实现产业串联，明显提高单位产品的市场价值。通过政府背书实现信息对称，使生态产品的品质优势有政府信誉、政府监管和政府技术平台保障，使国内外的消费者能明晰产品品质特色和生命周期全过程的绿色，以形成并持续保持价格优势。在具体操作过程中，由国家公园管理局统一管理国家公园内外的品牌的授权认证工作，并形成与各级地方政府市场监管等部门协调的管理分工体系。

特许经营是生态产品价值实现的制度保障。有序的市场竞争有利于产业健康发展，这需要依托特许经营制度来实现。雨林公园的特许经营相关工作一直未能落地，需要尽快开始试点。同时，还需要梳理清楚雨林公园管理局与地方政府在特许经营与市场监管方面的责任分配。

（五）建立完善的保障机制

生物多样性的保障机制在"昆蒙框架"中第一次单独作为长期目标，这些保障机制对雨林公园建设起到重要支撑作用。

首先是资金机制。《总体方案》要求"加大财政支持力度，广泛引导社会资金多渠道投入"，"建立财政投入为主的多元化资金保障机制"。2019年

---

① 推进设施化，切实改善田间生产条件；推进机械化，研发推广实用高效农机；推进绿色化，大力发展生态循环农业；推进数字化，着力打造智慧农业。

6月，中共中央办公厅、国务院办公厅印发《关于建立以国家公园为主体的自然保护地体系的指导意见》，提出"建立以财政投入为主的多元化资金保障制度"；"鼓励金融和社会资本出资设立自然保护地基金，对自然保护地建设管理项目提供融资支持"。按照我国政府预算中"财政同级保障"的原则，作为委托省管的国家公园，目前雨林公园的建设资金受海南省财政的直接影响。在外部性、激励相容、信息对称等原则下，需要"适度增加中央事权"，将"全国性战略性自然资源使用和保护等基本公共服务确定或上划为中央的财政事权"并履行其支出责任。但央地之间的事权划分及支出责任还没有成形的文件，可能在未来的《国家公园法》中予以明确。在中央的国家公园专项年度资金总量已经加大到50亿元的情况下，海南热带雨林国家公园管理局需要更大程度地争取中央的专项转移支付，争取在移民搬迁、人工林退出、生态补偿及部分合理的债务问题解决这类涉及资金量大的项目上争取中央的资金支持。同时，完善社会资金投入机制和社会捐赠制度，设立海南热带雨林国家公园绿色发展基金会，强化以项目为核心的筹资模式，加强与非营利组织、非政府组织的合作争取各方的资金支持。

其次是加强人才引进和保障。目前雨林公园行政管理人员、专业科研人员不足的问题严重。需要以专业化为导向，尽快解决雨林公园管理局的空编现象，逐步改善专职人员的学历和年龄结构。同时加强对现有人员的培训与交流，提升业务能力。利用海南国家公园研究院、雨林公园保护与发展重点实验室等平台设计柔性引进机制，打破人才使用壁垒。加强干部考核和任命，协调推动地方政府对国家公园所在的市县行政区域干部考核和选拔制度改革，属地县乡两级政府主要官员的考核和选拔需征求国家公园管理机构的意见。

二　改革和发展的难点

在改革和绿色发展中仍存在一些难点和障碍，也有一些技术要求高的建设任务。

（一）法律制度体系尚未形成

国家层面和雨林公园层面的法律法规都还欠缺或不足。国家林业和草原局 2022 年发布的《国家公园管理暂行办法》只是过渡性质的部门规范性文件。试点期间颁布的《海南热带雨林国家公园条例（试行）》创新性和覆盖面都不够，部分内容不适应当前的国家公园管理工作需要，有些内容（如对特许经营制度的详细规定）缺失或操作性不强。《国家公园法（草案）（征求意见稿）》仍在征求相关部委意见，只是列入了十三届全国人大常委会一类立法规划。这就使得本应具有立法优势的自贸港未荫及国家公园，现实工作难免因于法无据而止步不前。

另外，1994 年颁布、2017 年修订的《自然保护区条例》在雨林公园机构改革实际没有到位的情况下仍有阻碍作用。例如，从《海南热带雨林国家公园人工林处置方案》中看到，一般控制区内原自然保护区范围内外的人工林处置方式有明显差别：一般控制区原自然保护区范围内采取不采伐不经营的方式，一般控制区原自然保护区范围外采用可采伐可经营方式。由此可以看出，虽然在雨林公园正式设立后国家公园范围内的自然保护区在理论上应该撤销（根据《总体方案》的规定），但《自然保护区条例》的余威犹在。如果在现实管理中仍以《自然保护区条例》为依据，对全区域实行"十个禁止"，雨林公园显然不仅难以成为《国家生态文明试验区（海南）实施方案》中定位的"生态文明体制改革样板区……生态价值实现机制试验区"，甚至难以实现全园统一管理——这也凸显了雨林公园像三江源国家公园一样把国家公园机构改革全面落实的迫切性。

（二）"天窗"管理与发展

"天窗"指的是国家公园内的社区、建成区、厂矿及永久基本农田等，往往在规划图上被抠到国家公园以外且部分在生态保护红线以外。抠出"天窗"可以避免中央生态环保督察和国家自然资源督察找出这些区域的不当开发问题或历史遗留问题，也可以保证地方政府的建设项目落地。但

"天窗"必然会对生态过程和珍稀动物保护造成干扰①；同时"天窗"社区的生产资料多数在国家公园范围内，"天窗"与国家公园的人为管理分隔更会隔断生态产品价值转化的路径。

解决"天窗"问题的根本途径是在修改对国家公园国土空间使用和人类活动控制的管理规定后将其重新纳入国家公园范围内，以提高国家公园的完整性。目前阶段只能用"弹性管理"的方式暂时缓解这个问题。根据《海南热带雨林国家公园总体规划（2023—2030年）》，"在核心保护区、一般控制区的特定区域和外围关联区，采取针对性、差异化、分类动态的管控措施……实现生态保护、绿色发展、民生改善相统一"。在保护上，细化"天窗"区域的保护管理需求，形成具体可行的管控方案；在发展上，尝试布局一批生态环境负担小的生态体验产业和具有特色优势的农产品生产及初级加工业。

目前雨林公园管理局和森林公安无权对"天窗"范围内的违法事件进行执法，而所在市县的自然资源、生态环境、水利等行业执法队伍又可能因信息不对称和违法现场可达性不好而无法有效执法。因此，可以将"天窗"内的行政执法权授权或委托给国家公园的综合执法队伍。

（三）产业链布局

国家公园建设给地方政府、社区带来负正两方面影响。负的方面是国土空间用途管制立刻严格了许多，似乎影响了很多区域的产业发展，如建设项目落地、人工林经营、经济林采伐等；正的方面是国家公园的特色产品因为国家公园的价值而增值，并获得更多的转移支付。如何利用产业链空间布局特许经营扬长补短和负正转化是绿色产业发展的难点，这个工作技术难度非常高。

重点完善产业布局，实现产业链在国家公园"内外连通""双向互促"。这种措施的关键点在于充分发挥各区域优势，把产业链的不同环节布局在

---

① 生态过程仍然会利用"天窗"（有时甚至是依赖利用，如多种候鸟冬季在永久基本农田中觅食），这就可能导致生态系统破碎化和保护对象高危化。

国家公园内外，利用产业链不同环节对生态环境和产业要素的需求不同扬长避短（例如，茶产业的种植环节对风土敏感但不需要建设用地，但加工、销售、茶旅融合等需要建设用地和交通条件，可以布局在国家公园外）。尽快修编出台雨林公园各专项规划，产业链布局中统筹生态游憩、入口社区和"天窗"社区建设、工程建设。国家公园内（包括"天窗"社区）是生态产品的质量最佳产区，国家公园周边区域则是生态产品的量产区。以此产业链实现国家公园内外联动，利用占海南岛约 1/8 陆域面积的雨林公园撬动全岛的绿色经济发展，助力国家生态文明试验区及生态产品价值实现试验区建设。

总之，雨林公园体制改革初步转变了园内的"人与自然关系"——由"人与自然冲突"逐渐向"人与自然和谐共生"转变，初步形成了生物多样性主流化的制度体系，但雨林公园的改革还不彻底、绿色发展尚处萌芽状态。这些问题都要靠继续深化改革、推进重点项目建设才能逐步解决。

第四部分
海南热带雨林国家公园未来
深化改革和示范性项目
工作方案

在《海南热带雨林国家公园总体规划（2023—2030年)》由国家正式发布后，经历了国家林草局对国家公园设立两周年的绩效评估，雨林公园已经站在一条新赛道上：就宏观层面、长远目标而言，雨林公园需要"向世界展示中国国家公园建设和生物多样性保护的丰硕成果"，与"昆蒙框架"目标衔接；就操作层面、近期目标而言，雨林公园需要通过继续深化改革解决主要问题，通过制度形成生物多样性主流化局面，通过合理的项目设置示范性地呈现"生态保护、绿色发展、民生改善相统一"的国家公园发展方式，也需要使《海南热带雨林国家公园发展报告（2019~2022）》总结出的"海南方案、霸王岭模式"得以系统化、广覆盖、见实效。本部分在问题导向下，结合《海南热带雨林国家公园总体规划（2023—2030年)》和四个专项规划①，

---

① 《海南热带雨林国家公园生态保护修复专项规划（2024—2030年）》、《海南热带雨林国家公园交通基础设施专项规划（2024—2030年）》、《海南热带雨林国家公园生态旅游专项规划（2024—2030年）》和《海南热带雨林国家公园自然教育专项规划（2024—2030年）》。

提出近期（到 2025 年）和中远期（到 2030 年"昆蒙框架"目标年）深化改革和示范性项目工作方案①，这些项目已经和海南省的相关工作②进行了衔接，是其中具有类型代表意义的示范性项目的细化。

---

① 这是为了回应海南省的要求专门设置的内容。在 2023 年海南热带雨林国家公园建设工作推进小组第 1 次会议明确，"建立国家公园体制是党中央站在中华民族永续发展的战略高度作出的重大决策。相关厅局、市县要进一步提高政治站位，步子大一些，节奏紧一些，速度快一些，以清单化、项目化推进国家公园建设"。

② 《海南热带雨林国家公园建设提升行动方案（2024—2025 年）》即将出台并附有重点任务清单，其中对 67 个任务进行了细化分解，本部分所列的示范性项目工作方案均在这些任务之列，且是两个主要类型代表：①**新业态的发展**，以自然教育特许经营业态为例，包括产品线路设置和课程体系开发，这是当前最优先倡导的国家公园内绿色发展业态；②**老业态的升级**，以既有大众旅游项目如何改造为国家政策法规允许的国家公园业态为例，这也是国家公园的"天窗"社区和入口社区可以参照的业态升级模式。

第一节
深化改革方案

就目标导向而言，雨林公园需要全面落实《生态文明体制改革总体方案》，按照《总体方案》、《海南热带雨林国家公园体制试点方案》和《统一机构设置意见》将相关体制机制改革到位；就问题导向而言，则需要推动既有改革落地和继续深化改革来解决历史遗留问题、改革中出现的问题并助力发展方式转型。

一　推动已有改革落地

对设立后的国家公园的建设和发展而言，最重要的是机构改革，这样才能使国家公园的管理有明确的队伍、资金和权力来保障；其次是规划机制和综合执法机制等，这是协调园地关系和保证日常管理质量的主要制度；最后是特许经营机制，这样才能使绿色发展制度化。相关领域的改革，雨林公园在试点期间就已做了一些工作，但没有真正落地或未与最新的中央文件、《海南热带雨林国家公园总体规划（2023—2030年）》衔接。

（一）以机构改革统领和推动全局工作

根据《统一机构设置意见》中的要求，雨林公园应统筹现有省级国家公园专有编制和7个管理分局的编制，探索建立独立的雨林公园管理局，形成管理局能跨县统筹国家公园保护发展的局面。尽管中央编办仍未批复雨林公园管理局的"三定"规定（到2024年7月），但管理局筹备组应该在明确管理局事权、协调园地关系（如与县级政府共同编制"天窗"、入口社区规划和申请中央专项资金）、推动已有管理办法落地（如特许经营）和谋划相关配套改革（如整合建立全园巡护岗位制度和志愿者参与机制）等方面着力，以推动全局深化改革工作并填补改革空白。

（二）规划机制做实和创新

从"多规合一"开始，国家的规划机制改革就没有停息，国家公园总体规划的国家标准也已出台［《国家公园总体规划技术规范》（GB/T 39736—2020）］。相对既往自然保护区的综合管理制度，国家公园的规划有两方面变化：①规划的组织者和上报者由环境部门转为林业部门，环境部门只能履行规划内容和程序的生态监管职责；②从保护生态系统的原真性和完整性角度，国家公园规划必须统筹考虑"天窗"和入口社区。但一方面《国家公园总体规划技术规范》还未真正覆盖规划全环节，另一方面还没有明确的规范性文件划分部门间的规划事权（尽管在现实操作中，雨林公园总体规划及相关市县的相关社区发展规划已经在自发顺应这种变化）。在总体规划生效后，各专项规划尤其是国家公园相关社区和产业规划亟待规划机制的做实和创新。

（三）优化综合执法机制

海南是全国最早推进全口径综合执法机制改革的地方，也是第一个以省政府令的方式明确国家公园内林业42项行政执法由森林公安统一行使的地方。但在执法中，海南却面临生态和环境的执法机制难配合、资源环境综合执法效能低下、相关市县生态环境执法队伍专业素质不高等问题。这需要在森林公安代行林业行政执法的基础上，争取由体系比较健全、专业素质较高的森林公安实现资源环境综合执法，并实现由国家公园管理机构对森林公安的调度和考核，改变国家公园内除林业行政执法以外仍然是多头执法且只能接受各县派驻执法的局面，以及森林公安只接受报警而不参与日常巡护使得国家公园内偏远、流动性强、证据易消失的违法行为因为没有现场的行政强制权难以被处理更难以被及时制止的局面。

（四）健全资金机制

从财政资金总量而言，2022～2023年，财政部安排的国家公园专项资金约 30 亿元（主要用于第一批 5 个国家公园的项目资金，不含各省份的常规财政投入和国家发改委的文旅提升工程项目资金），已经超过多数发达国家的地均、人均投入标准，但因为第一批 5 个国家公园的总体规划未获批复、许多项目也未按财政部和国家林草局文件要求规范上报，因此超过 10 亿元资金未能使用。

就社会化多元融资机制而言，因为"最严格的保护"理念、中央生态环保督察和总体规划还未批复难以部署项目的影响，2022—2023 年，几乎所有的国家公园都未能形成较好的市场化增量项目投资，存量项目也缺少绿色转型设计。

这种情况下，按照《总体方案》中的要求健全资金机制，尤其是项目形成机制就成为当务之急。这有三方面做法：①在国家公园内设计保护类项目，使保护的各项投入标准得以提高、覆盖面得以扩大；②在国家公园的"天窗"社区和入口社区按照国家林草局和财政部的文件设计绿色发展项目，使地方政府和社区能受益；③积极改造国家公园内的传统业态和发展生态旅游的特许经营新业态，使社会资金能够加大投入。

（五）以项目试点带动特许经营制度建设

因为《国家公园法》尚未出台，曾经在《国家公园法（草案）（征求意见稿）》中被单列一条的特许经营还无依据形成制度。尽管海南省已经制定了多项管理办法，使这方面的改革在纸面上已有系统成果，但在实操层面上直接启动制度建设阻力较大、风险较高。可以项目试点的方式启动一批特许经营，摸清其套路，为《国家公园法》出台后依法建立完整的特许经营制度打下良好基础。

借鉴国内外相关经验，从生态体验和自然教育入手，建立规范完整的特许经营制度，包括特许经营项目管理办法、实施方案，筛选特许经营企业并协商经营范围、经营时间、经营内容、利用强度和负面清单等。以制度为基础，与国内其他开展野生动物旅游和国家公园生态体验活动的项目开展互访和交流，参考乌干达国家公园的大猩猩参观业态的运行方式，制定无害化、无扰化的长臂猿科考和观察的方式与线路；在特许经营公司的牵头下形成社区共建共享的生态体验绿色发展机制，制定包括访客预约管理、访客协议、访客行为指南等在内的生态体验管理办法；以海南国家公园研究院为平台组建国际化的专业志愿者队伍支撑不同维度的生态体验；以"特色食宿行服务+专业自然导赏"来打造精准、高端的国家公园自然教育和生态体验服务（具体的示范性项目操作方案参看本部分第二节）。

（六）以考核推动改革举措落实落地

生态文明绩效评价考核和责任追究制度是生态文明体制改革的八项基础制度之一。2022 年 11 月 30 日，海南省人大常委会第三十九次会议审议通过的《海南自由贸易港生态环境保护考核评价和责任追究规定》在全国率先以地方立法形式对生态环境保护考核评价和责任追究制度作出规范。雨林公园的"四库"建设、生态保护、绿色发展、民生改善、"园地"协调成效等都应该体现在国家公园管理局（及分局）、相关地方政府的绩效考核中。充分积极发挥考核"指挥棒""风向标"作用，深化考核结果应用，将考核评价结果作为综合考核评价及责任追究、奖惩任免、离任审计、项目资金安排等的重要依据，压实各相关部门、各级地方政府领导干部的国家公园建设责任。

专栏 4-1　领导干部考核机制的优化

根据中共中央、国务院于 2024 年 1 月 11 日发布的《关于全面推进美丽中国建设的意见》，雨林公园建设的领导干部考核机制应该与美丽中国建设成效考核指标体系衔接，建立覆盖全面、权责一致、奖惩分明、环环相扣的责任体系，落实"党政同责、一岗双责"。这个制度应强调奖惩并举：既要凸显雨林公园管理局、相关地方政府、省相关厅局在建设中的成效，也要深入推进领导干部自然资源资产离任审计，对不顾生态环境盲目决策、造成严重后果的，依规依纪依法严格问责、终身追责。结合第三轮中央生态环保督察对雨林公园的意见，在考核机制优化中注意

改革措施间要相互协调、政绩考核指标中要注意体现热带雨林生态系统的特点（如不能只看森林覆盖率而要设置旗舰物种数量、适宜栖息地面积比例、低海拔区域天然林比例等指标）。

二　填补改革空白

尽管海南是国家生态文明试验区，但相对其他国家公园和国家生态文明试验区，从加强生态保护和推动绿色发展来看仍有一些改革空白需要填补，以完善各方面条件，这样才能更好地形成园依托地保护、地依托园发展的局面。

（一）与其他制度结合增强国家公园相关市县的保护力量

按照中共中央、国务院 2015 年印发的《生态文明体制改革总体方案》，生态文明绩效评价考核和责任追究制度是八项基本制度之一，其中包括对领导干部实行自然资源资产离任审计和生态环境损害责任终身追究制。国家公园相关市县在此方面开展了一些工作①，但力度不够。可以在这些工作的基础上与已有的效力较强的制度结合，使国家公园相关市县能为国家公园提供更强的保护力量。从目前的条件来说，应建立国家公园管理局分局和相关市县地方政府的联合林长制、联合河长制，并充分利用这两项制度的已有的保障条件和责权利匹配的优势，结合园地交叉任职制度②，有望使国家公园保护得到地方政府更多、更直接的日常支持。

（二）多种形式探索生态产品价值实现机制

科学合理利用资源，转变经济发展方式，完善资源管理和利用模式，

---

① 2023 年 1 月，五指山市制定印发《五指山市 2022 年度领导班子和领导干部考核工作方案》，将生态环境保护、生态产品价值实现工作、中央生态环保督察反馈问题整改、河长制、湖长制、林长制、耕地保护、生物多样性保护等工作列为考核的重要内容，同时将落实生态环境保护工作纳入 2022 年政治监督清单的一项重要内容。
② 在国家公园体制试点期间，试点验收排名第一、第二的三江源和武夷山均采用了这项制度。

建立生态与市场相融合的生态资源保护与持续利用政策体系，对周边社区在扶贫、水利、交通、卫生、美丽乡村建设等方面进行政策倾斜，以长臂猿保护区周边原生态为主题发展生态旅游、特色文化、绿色环保产业。出台具体可行的管理办法，改善海南长臂猿栖息地周边居民经济行为，增加周边社区居民收入，将长臂猿保护与周边资源合理开发结合，形成保护和可持续发展相融合的态势。

通过雨林公园产品品牌增值体系，推动雨林公园区域业态升级、产业串联，使得资源环境的优势（绿水青山）转化为产品品质的优势，通过价值化、市场化等将生态优势转化为经济优势和社会优势，即实现"金山银山"。雨林公园产品品牌增值有利于培育地方三次产业，形成产业链，创造地域品牌效应，实现资源—产品—商品的升级，使产品增值，这成为现阶段当地社区居民增收和区域绿色发展的重要形式。通过这样的技术路线，在市场条件下稳定地、增值地使生态产品的价值变现。

根据前文分析，雨林公园区域内的市县在生态产品品牌打造方面已经进行了很多的探索，但是仍然存在业态初级、基本无产业串联、品牌建设没有体系化等问题，使得特色产品的特色难以稳定形成，资源环境的优势无法形成特色产品的品质优势和价格优势。这种现状也表明了品牌体系建设的必要性。

专栏4-2　雨林公园产品品牌增值体系构建的必要性

通过雨林公园产品品牌增值体系，推动雨林公园区域业态升级、产业串联，使得资源环境的优势（绿水青山）转化为产品品质的优势，通过价值化、市场化等将生态优势转化为经济优势和社会优势，即实现"金山银山"。

根据前文分析，雨林公园区域内的市县在生态产品品牌打造方面已经进行了很多的探索，但是仍然存在产业初级、缺少深加工产业链、品牌知名度不高等问题，严重制约着当地生态产业的可持续发展，亟待通过实施品牌战略，促进国家公园生态优势转化为产品品质优势，传递品牌

承诺，满足消费者对优质生态产品的需要，让其买得省心、用得放心，从而实现品牌溢价。从第一产业来看，它是发展高效生态农业的必然选择，推进农业结构调整，转变农业增长方式，引领农业发展，提高农产品竞争力，并且能够培育农业文化，强化自主创新。从第二、第三产业看，国家公园产品品牌增值体系推动"中国制造"加快走向"精品制造"。它可以促进和引领国内消费品和国际标准的对标，引导企业加强从原料采购到生产销售的全流程质量管理、产品认证和第三方质量检验检测等，增强大众对国产消费品的品质信任度和品牌认可度。

深入挖掘以雨林公园为核心的中部山区生态资源，围绕黎母山、七仙岭温泉等中部市县资源（其中旅游业是雨林公园品牌建设的重点），打造特色生态小镇和生态旅游景区；依托五指山、霸王岭、尖峰岭、吊罗山和黎母山等保存较好的原始热带雨林区，打造各具特色的热带雨林高端生态产品，提升旅游服务设施；依托特许经营机制，发展智慧、低碳、生态旅游，发展国家公园品牌，鼓励社区参与；在考虑生态承载力和国家公园功能分区基础上对客流量进行管控，吸引高品位的游客，提升国际知名度，推进国际旅游岛建设。

（三）从空间结构和协调机制上构建环国家公园保护发展带

环国家公园保护发展带是武夷山国家公园（福建）的创新，有利于将更大范围的空间纳入统一管理和利用产业链不同环节对生态环境的敏感性不同实现产业链在国家公园内外分别布局。这需要有专门的协调机制。

正如海南热带雨林国家公园建设工作推进小组第1次会议要求的那样，"要以武夷山、三江源等国家公园的成功经验为借鉴……建立多层级'园''地'协调工作机制……重点推进环国家公园旅游公路建设"。这就使海南借鉴武夷山的先进经验、依托环国家公园旅游公路构建类似环武夷山国家公园保护发展带形式的空间既有必要性也有可行性。

就空间工作而言，要依托环国家公园旅游公路构建环线服务体系，推动周边旅游点串点成线、串珠成链，构建多元化、多层次的"交通+旅游"融合发展业态体系。在环线区域，以品牌打造、文旅融合为重点，也注重推动这个区域的茶、药、水等特色优势生态资源转化。就协调机制而言，因为海南相较福建多了强力的海南热带雨林国家公园建设工作推进小组，所以环线区域的空间和产业规划都可以放到这个小组的会议中决策，然后根据规划推动"园""地"协调，以地为主的绿色发展，并积极推动茶等产业链前后端对资源环境和基础设施响应不同的产业在环带内外统筹发展①。

三　未来绿色发展方案

要加大保护力度、体现全民公益性、形成"人猿和谐共处"的局面，必须将其范围内的社区优先建设成利益共同体才可能形成"共抓大保护"的生命共同体，这就需要率先实现生态产业化。基于前述分析，近期重要工作包括构建国家公园品牌体系和试点启动以特许经营方式操作的自然教育与生态体验，同时将既有的大众观光旅游业态及设施升级改造为生态旅游业态及设施。

（一）构建雨林公园品牌体系

如果没有品牌体系代表对产区、产品、品种的严格认定和质量监管，海南在国家公园品牌工作上的贴牌就不会有持续的市场价值。国家公园品牌体系应包括产业和产品发展指导体系、质量标准体系、认证体系、品牌管理和销售体系，国家公园管理局与地方政府形成分工，国家公园管理局提出与国家公园资源环境优势配套的质量标准并依托国家公园信息化平台

---

① 茶的种植环节对风土有高度要求但基本不需要建设用地和配套产业，但加工、销售以及茶旅融合环节就需要建设用地、基础设施和配套产业。所以可将茶山尽量划入国家公园，而在"天窗"社区、入口社区等建设用地条件较宽松的区域发展茶产业的下游环节，这样就打通了国家公园内外、实现了各尽所长。

认证产区、产品，地方政府根据国家公园提出的标准进行监管并配合完成相关产品的有机认证、国际互认等工作，这样就能确保产品增值且形成"地依托园形成绿色发展"的局面。

从到 2025 年的近期来看，以茶产业在品牌体系中的发展为抓手可以形成示范。但地方上的现有工作部署未与国家公园品牌体系很好结合①，我们提出的示范性项目的具体工作如下。

将茶产业纳入国家公园产品品牌增值体系（优先选取白沙绿茶、五指山红茶等作为子品牌）。建设高标准生态茶园并规范化其生产流程。严格控制农药、化肥的使用，加大违规开垦茶山综合整治力度，对现有茶园进行生态化改造，积极推广茶园植树、梯壁种草、套种绿肥、生物防控等技术，强化茶园水土保持，重点完善茶园排蓄水系统、品种改良、茶园低改等茶园建设工作，新建高标准生态茶园、有机茶园。

挖掘适合海南特色的茶产品（考虑其土地可利用面积较少，中部区域产业发展受土地和其他政策管制严格）。创新发展涉茶第三产业，加快茶旅融合发展，探索开发一批休闲观光、体验互动、认领定制的旅游生态茶庄园。建立集线上线下交易、仓储物流配送、综合检验于一体的大型茶叶交易市场。加强电子商务在茶叶营销领域的应用。鼓励茶叶企业、农民合作社开展电子商务拓展国内外市场，开发适宜网络营销的产品，支持 B2B（商业到商业）、B2C（供应商到顾客）、O2O（线上与线下互动）等电子商务模式发展，推进茶叶跨境电子商务。

培育壮大茶产业市场主体。深入推动"龙头企业+合作社+农户"模式，支持龙头企业带动茶农和茶叶专业合作社发展，加强茶叶深加工和流通项目建设。加强茶企业整合和重组，设立茶叶转型升级发展专项资金，培育

---

① 例如，五指山市谋划的五指山雨林茶产业融合发展先导区配套项目，规划 128.7 亩，包括茶文化体验区、茶产业集聚区、大型茶叶加工示范区、茶主题民宿体验街区，涉及茶叶、雪茄烟叶、野菜叶三片叶产业。这种产业发展方案没有解决两个问题：第一，五指山的茶市场影响力有限、生产不规范、技术含量不高，需要首先通过品牌体系优化才能支撑这么大规模的业态；第二，要和国家公园管理局高度配合，从产区认定、专门的质量标准、种植过程的信息化管理等方面入手，才能实现对茶产业链的最严格的管理。

茶产业和相关的绿色新兴产业发展。

借助国家公园信息化平台，促进产业融合。借助国家公园信息化平台（见图4-1），解决热带雨林茶产业服务的对象量大、面广、分散、个性化需求差异大，且茶产业信息资源分散、服务体系不健全、信息化费用高的问题。借助信息化平台，将生产要素、经济要素、生活要素、生态要素等合理配置，整合茶产业和其他产业资源，并提高宣传力度。推动热带雨林茶产业的链条化发展，健全茶山、种植、加工、仓储、金融、销售、检测、溯源全产业链的管理和服务，确保热带雨林茶产业良性发展，建立茶行业直供直销体系，实现茶行业供与需、产与销的信息对称与顺畅，对产业链上下游进行高效整合。茶农、茶叶厂商、消费者可以在手机上查询到茶叶销量、产品评价、服务评价、信誉评价等各种茶叶的相关数据分析，可以通过理性判断去引导生产、营销、消费，这必将提升茶产业效率，促使茶产业升级。图4-2为国家公园信息化平台茶产业管理情况。

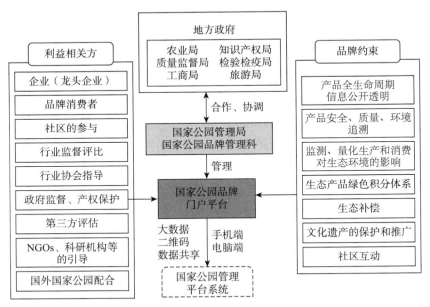

图4-1　国家公园信息化平台

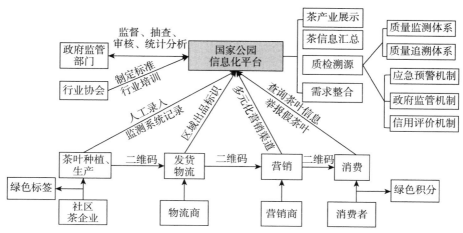

图 4-2　国家公园信息化平台茶产业管理情况

"互联网+"成为助推茶业发展的新动力。社会消费格局变化中产生的电子商务、移动支付、产品追溯、物联网等技术与茶叶产品流通过程高度融合，促成了茶叶销售渠道建设、产品信息宣传、反馈信息收集、企业门店管理等领域的技术升级，通过对销售环节的提速与智能化推进消费升级。

从销售平台上看，链接天猫、京东、苏宁等综合性电商平台。建设茶产业资源大数据管理系统，实施溯源系统，完善质检系统，引入仓储管理，在各大电商平台开设旗舰店，同时搭建热带雨林自有的茶业宣传和销售核心平台，引入拍卖、期货、众筹等模式，借助金融手段，搭建热带雨林茶业完整的茶山、种植、加工、仓储、金融、销售、检测、溯源一条龙的垂直产业链服务系统，促进热带雨林茶产业规范化发展，提升热带雨林茶叶品质。

积极吸引国内外龙头茶企业在热带雨林设立分支基地，重点做精做强茶叶种质资源繁育、品牌展示、茶文化创意等产业链关键环节。积极推动茶产业与文化旅游、休闲度假、健康养生、城镇化建设融合发展，打造国际茶文化交流和体验中心。创建具有国际影响力的产业领域会展品牌。

专栏4-3　雨林公园茶产业的不足

茶山管理水平较低，缺少生产标准，工艺难以提高。除少数龙头企业自有和管理的茶山外，较多的茶山由茶农个人所有和管理，茶山管理水平较低。传统的茶产业链，从种植、加工到流通、消费的各个环节，存在从业人员分散、茶叶品质难以稳定、销售渠道多样、管理效率低下等多种问题。茶叶加工生产企业和初制厂大多是家庭式作坊，大型的龙头企业较少，生产过程有待标准化。部分企业生产设备陈旧落后，工艺粗糙，管理水平低下。茶叶生产经营者大多安于传统的品种与落后的小农生产工艺，而没有注重在保留原有传统特色的同时，根据市场需求改良品种、改进制作工艺。

市场秩序难规范，营销效益偏低，品牌效益没有发挥。家庭分散生产经营，而且在海南茶销售市场是各市县政府各自为政，企业的生产和经营行为都亟待规范。产品的包装不够精美，加上企业宣传促销抓得不够到位，没有形成茶产业链，热带雨林茶的价值不能得到完全的体现，营销效益偏低。除少数大型茶企之外，多数茶企、茶商未能建立溯源系统，茶叶安全难以保障。同时类似热带雨林已经有的五指山红茶等，近些年来市场认可度较低。特别是对比同样的高山红茶——福建武夷山的金骏眉，五指山红茶产量有限，技术工艺还远不能支撑其批量化地实现产品升级。

茶企融资手段单一，投资不足。部分茶企、茶商有改造茶园、厂房，产品研发等方面的意愿，但受资金约束，无法加快企业发展。另外，除少部分大型茶企，较多茶企由于意识、资金、技术人员等原因，未能跟上互联网时代的步伐，生产、管理、销售等都在使用传统办法，效率和效益都很低，无法适应互联网时代的发展。茶企业相对较为封闭，并没有和大银行等金融机构建立特殊的政策，这在省内调控下是可以有效解决的。针对上述问题，借鉴国家公园产品品牌增值体系和信息化平台，全面提升行业水平。

（二）试点发展特许经营制度下的生态旅游

（1）建立特许经营制度，发展长臂猿特色生态体验业态

借鉴国内外相关经验，从长臂猿相关生态体验入手，建立规范完整的特许经营制度，包括特许经营项目管理办法、实施方案，筛选特许经营企业并协商经营范围、经营时间、经营内容、利用强度和负面清单等。以制度为基础，与国内其他开展野生动物旅游和国家公园生态体验活动的项目开展互访和交流，制定无害化、无扰化的长臂猿科考和观察的方式与线路，在特许经营公司的牵头下形成社区共建共享的生态体验绿色发展机制，制定包括访客预约管理、访客协议、访客行为指南等在内的生态体验管理办法，以海南国家公园研究院为平台组建国际化的专业志愿者队伍支撑不同维度的生态体验，以"特色食宿行服务+专业自然导赏"来打造精准、高端的国家公园自然教育和生态体验服务。

（2）在保护前提下设计并推动生态体验产业链和相关基础设施建设

建成集生态旅游、休闲度假和科普教育于一体的长臂猿保护利用基地。发展自然旅游体验、提高当地居民生活品质的环境责任型生态旅游。

分析评估生态旅游开发对长臂猿和当地居民的潜在影响，如人类活动对长臂猿的栖息生活的影响；物价和地价上涨对当地居民生活、收入水平和生产方式的影响。明确长臂猿生态旅游中的政府、保护区、本地居民、旅游企业、游客之间的利益分配和责任分工，设计规划保护区的旅游承载能力，控制游客密度。

结合长臂猿生态廊道建设和周边社区生态型交通网建设，建设世界长臂猿博览馆，完善周边餐饮露营、文化娱乐、休闲运动等旅游服务设施，实现生态保护和旅游开发、扶贫开发、山区发展的有机结合。围绕生态文化旅游，发展餐饮、民宿、导游等现代服务业。建设黎苗民族村寨乡村旅游示范项目，打造特色共享农（山）庄和乡村民宿，发展长臂猿保护区周边旅游休憩，提供农业生产、瓜菜采摘、农家旅馆、特色餐饮、垂钓捕捞等体验式休闲旅游产品。

结合生态文化特点，围绕自然题材的洞穴文化、温泉文化等，进行长臂猿旅游纪念品等特色旅游商品开发，策划举办长臂猿和黎苗文化旅游商品创意设计大赛等。

（3）依托原住居民优化生态旅游产业人力资源

"特色经营企业+地方政府+当地社区合作社"模式将以特许经营公司为主体，以股权分享方式把当地经济体纳入现代化企业中共同发展，长臂猿保护区联合当地政府，利用多种形式不断加强居民的基础文化和素质教育的同时，开设各种专门的培训班：自然保护区和野生动植物相关法规政策、长臂猿等灵长类野生动物保护相关知识；生态旅游产业服务专题培训、黎苗特色文化保护挖掘专题培训等。

市场化和政府行为相结合，配合经营模式转型开展餐饮、农庄、民宿、导游、经营管理等现代职业培训；开展符合当地生态环境的绿色经济作物种植、培育知识培训。通过经营相关的各种培训（包括但不限于导赏、驾驶、扎营、餐饮食宿、生产手工制品、财务管理、种植养殖等）为当地社区赋能。带动和帮助当地社区对接市场，甚至直接面对消费端来生产高附加值的国家公园生态产品、开展国家公园生态体验活动，使其能满足产业升级和产业串联的人力资源需要。

第二节
示范性项目工作方案和案例

因为国家公园产品品牌体系建设牵涉面太广，难以通过一个项目形成示范，所以只以《海南热带雨林国家公园总体规划（2023—2030 年）》及两个相关专项规划①中允许且有指标关联的两类代表性强的项目来呈现未来发展工作方案：①特许经营制度下的生态旅游（自然教育）线路产品②，这是新业态；②老业态的改造，使大众观光旅游能在满足保护要求的同时在严要求下形成产品特色。

一　特许经营制度下的生态旅游（自然教育）
　　　线路产品示范性项目工作方案示例

（一）项目背景

国家公园体制是生态文明建设的重要抓手，生态文明既强调"最严格的保护"，也强调"绿水青山就是金山银山"。将生态资源转化为生态产品，是国际上通行的促进保护地管理机构与社区和谐发展的重要手段，有利于促进人与自然和谐共生，对国家公园的高质量建设与发展具有积极意义。雨林生态体验和自然教育是雨林公园在坚持自然生态系统的原真性、完整性保护前提下，实现教育、游憩等综合功能的重要途径。

但目前，在雨林公园范围内，旅游业态与生态价值的关联并不紧密，

---

① 《海南热带雨林国家公园生态旅游专项规划（2024—2030 年）》和《海南热带雨林国家公园自然教育专项规划（2024—2030 年）》。

② 如其中要求到 2025 年"自然教育受众达到 150 万人次；到 2030 年，全面建成教育体验平台"，这就对包含自然教育的生态旅游业态提出了明确的要求，这类项目的发展就变为刚性要求。

经营效益相对具有可比性的云南热带雨林的旅游也整体逊色，一些片区的旅游经营还有诸多历史遗留问题。为了实现生态资源的科学保护与合理利用，以生态旅游和自然教育项目为契机，推动旅游业态升级和产业串联，既为绿色产业打下制度基础，又使雨林公园范围内的原各类保护地工作人员能在替代产业中找到就业岗位。通过雨林及野生动植物的科研、宣教、监测等对外开放、展示，宣传国家公园成立以来的保护、巡护、监测成果，实现生态资源和价值的全民共享，增强公众生态保护意识，并让当地居民分享到保护带来的绿色经济收益，实现生态价值、社会价值的有机统一。

（二）生态体验和自然教育产品线路与课程

雨林公园生态体验和自然教育示范性试点项目，是全面落实以下政策法规的具体措施：财政部和国家林草局印发的《关于推进国家公园建设若干财政政策的意见》中"加强野外观测站点建设，建设完善必要的自然教育基地及科普宣教和生态体验设施，开展自然教育活动和生态体验"，《国家公园管理暂行办法》中"国家公园管理机构根据国家公园总体规划和专项规划，立足全民公益性的国家公园理念，为全社会提供优质生态产品，以及科研、教育、文化、生态旅游等公众服务"，《海南热带雨林国家公园条例（试行）》中"国家公园管理机构应当加强海南热带雨林国家公园宣传教育和普及工作，引导公众参与海南热带雨林国家公园的保护、管理和监督活动"，《海南热带雨林国家公园总体规划（2023—2030年）》中强调完善特许经营制度，重点发展生态体验、自然教育、黎苗文化等绿色产业。这是对习近平生态文明思想的全面践行，对雨林公园"绿水青山"与"金山银山"双向转化路径的积极探索，有助于推进生态保护与绿色发展同频共振，提升周边社区居民与公众的保护意识。

生态体验和自然教育示范性项目可以先行推动绿色发展，但在项目设计时应综合考虑7个片区的资源与客源、市场定位、经营情况、未来规划、相关利益者等因素，充分考虑试点区域问题的代表性以及试点推进的成效性。项目位于雨林公园一般控制区内，包括霸王岭片区、吊罗山片区、尖峰岭片区、五指山片区等适宜开展生态体验和自然教育的区域。试点项目空间范围如下。

霸王岭：已经对公众开放和计划对公众有限开放的东干线徒步和登山线路系统，以及青松乡线路系统。

吊罗山：天湖周边自然教育小径和枫果山景区。

尖峰岭：鸣凤谷、雨林谷，并与森林生态系统国家野外科学观测研究站合作。

五指山：科普栈道主席之路、巡护员巡护线路、严格管护中的主峰步道。

（1）霸王岭片区

霸王岭片区有全国保存最为完好的热带雨林，野生动植物资源丰富，被人们称为"绿色宝库""物种基因库"。世界上濒危程度最高的灵长类物种——海南长臂猿目前仅分布于霸王岭，是海南岛真正的原住"居民"，被列为国家一级保护动物，官方公布的种群数量仅为42只，是海南热带雨林生态系统完整性和原真性的指示物种。基于以上资源特点，生态体验和自然教育产品的理念如下。

第一，充分利用好当地的基础设施，如霸王岭标本馆、"天空地"一体化监测系统，进行科普讲解。

第二，采购当地的食宿，如浪论村餐饮和"黎花里"民宿，惠及当地。

第三，充分利用海南长臂猿的保护故事和保护成就，将东干线徒步活动和热带雨林深度的体验、精准的讲解结合在一起，并且利用长臂猿的叫声作为重要讲解点，引导访客清晨在青松乡欣赏长臂猿家族的"合唱"。

基于上述线路设计原则和理念，本书建议4个可供组合和挑选的课程模块（霸王岭片区线路设计详见表4-1）。

模块1：孝道。栈道徒步1小时，孝道包含热带雨林生态景观和典型现象。该线路中穿插热带雨林植物基础课程。

模块2：福道。清晨或黄昏的福道有可以听到海南长臂猿声音监控的位

表4-1 霸王岭片区线路设计

时间		线路	课程亮点	设施配套	备注
DAY 1					
	上午	上午9点抵达霸王岭办公楼，利用既有设施，参观和讲解2小时	【国家公园导览】在专业人员带领和引导下，参观科普馆、"天空地"一体化监测系统，了解国家公园的保护对象，工作人员的日常巡护工作，认识长臂猿和它的保护，设计问答互动环节	工作人员给予指导，播放、讲解、演示"天空地"一体化监测系统的使用方法	参观霸王岭标本馆
	下午	栈道线路的探访：下午2点出发，栈道徒步1小时	【徒步热身】热带雨林生态景观和典型现象（板根、绞杀、独木成林、空中花园等）	有栈道，希望护林员、监测队员参与，并且分享热带雨林和长臂猿的故事	专家参与，做科学讲解
	晚上	住宿酒店周边路线	【生物多样性实践】雨林夜观（主题两栖+昆虫）	夜观相关设备，行前说明会讲解可能邂逅的夜行生物	邀请专业指导昆虫科学的研学老师参与
DAY 2					
	上午	驱车1小时到福道入口，而后徒步1小时左右到长臂猿监测点	【徒步+热带雨林生态课堂】沿途分享海南长臂猿的保护课程（播放长臂猿鸣叫声，野生种群及其行为学研究中的有趣故事；长臂猿调研中常用工具的使用方法的实操，如演示望远镜的使用方法，演示红外触发相机的使用方法，并且带领生态体验访客各在合适的位置安装一台红外相机	沿木栈道徒步，需要提前做好行前教育，不得大声喧哗，并绑扎裤腿遮挡裸露部分以防止雨林山蚂蟥、马蜂等的侵扰	本活动需要有霸王岭分局认可的专家/护林员作为科学领队参与
	中午	返回	午餐+休息		

续表

时间	线路	课程亮点	设施配套	备注
下午第一部分	国家公园人家—护林员家访 1 小时	【人文邂逅】介绍霸王岭林场—自然保护区—国家公园的保护与利用历史历程。访谈当地居民和护林员，认识热带农作物，并了解其功用和生命周期		当地社区人家参与活动，有偿安排当地午餐或下午茶
下午第二部分	前往大田坡鹿保护区（驱车 40 分钟），课程 1.5 小时	大田坡鹿保护区讲述大田坡鹿的保护工作 20 分钟，保护区内寻找拍摄大田坡鹿 70 分钟		需要大田坡鹿保护区工作人员准备分享内容

点，徒步休息时介绍海南长臂猿及其保护工作。

模块3：参观霸王岭标本馆和科普馆。

模块4：雨林夜观，主题两栖+昆虫。

（2）吊罗山片区

吊罗山片区素有"吊罗归来不看水"的美誉，枫果山瀑布线路上可能有小爪水獭分布，两栖爬行类动物比较丰富。线路和课程模块建议如下（吊罗山片区线路设计详见表4-2）。

枫果山自然观察项目为高端精准的山地雨林和溪谷生态环境解说：在亲水区域，由专业人员指导在早晨或黄昏蹲守和观察小爪水獭。访客预约+行前教育解说物种珍稀程度和保护方法。如果是黄昏开展该项自然观察活动可以合并后面的两栖和昆虫的雨林夜观课程。前期有专业团队协助孵化项目，后期由本地护林员来按设计执行，并向访客交付该项自然观察产品。

吊罗山天湖国际自然学校项目：依托科普教育小径可安排丰富的自然教育活动，适合布局与环境和谐的帐篷式和集装箱式的非永久性设施，满足自然研学类的团队需求。天湖周边选择1~2个营址，分别为帐篷式和集装箱式，方便拆装和移动，避免对植被和环境的负面影响。可以结合周边现有基础设施和自然教育空间（天湖树王科普小径）设计营址及运营相关活动。

兰花基地改建国家公园亲子露营地：周边具有较好的景观资源和自然资源。可考虑搭建木屋营地和房车营地。

模块1：低地雨林栈道有兰花（大瀑布周边有竹叶兰，共有兰花5种以上）、瀑布等，出口处的溪流有多种鱼和溪蟹。附近有分区的标本馆可以参观。

模块2：山顶云雾雨林栈道有热带雨林植物、低等植物，如地衣、苔、藓、陆均松树王，沿途天气晴朗的日子适合观鸟。

模块3：枫果山大瀑布落差大，水量足。负氧离子，青梅树，吊桥边大树上有多种兰花。该路线往返2小时。

表4-2　吊罗山片区线路设计

时间	线路	课程亮点	设施配套	备注
DAY 1				
上午	上午9点抵达吊罗山办公楼，利用既有设施，参观吊罗山标本馆科普馆（徒步2小时）	在专业人员带领和引导下，参观标本馆，了解吊罗山的保护对象，吊罗山的整体林情况；专业人员带领下徒步低地雨林栈道，探寻热带雨林动植物；栈道出口处的溪流里有丰富的鱼类、昆虫、鸟类	工作人员给予指导、开放、讲解标本馆/科普馆	午餐和茶歇在吊罗山标本馆附近的生态农庄
下午	山顶云雾雨林栈道的探访2小时	【徒步雨林】热带雨林生态景观和典型现象（板根、绞杀、独木成林、空中花园等），特别是陆均松种王；沿途观鸟、观察溪流附近的生物	有栈道、希望护林员、监测队员参与，并且分享热带雨林的保护故事；沿途云享自然科学领队交流生态摄影技巧	外聘专家参与、做科学讲解
晚上	住宿山顶天湖附近酒店	【生物多样性实践】雨林夜观（主题两栖+昆虫），蛙类和蛇类类丰富	夜观相关设备，行前说明会讲解可能邂逅的夜行生物	邀请专业指导昆虫科学的研学老师参与
DAY 2				
上午第一部分	枫果山大瀑布线路徒步，大瀑布、青梅离子、青梅树，吊桥边大树上有多种兰花，2小时	【户外课堂】沿途分享热带雨林的特色树种龙脑香科植物——青梅、兰花	沿木栈道徒步，需要劳动边比较陡峭，注意瀑布面湿滑。不得离开步道，注意蚊虫叮咬，注意蛇出没	本活动需要有巡护员作为科学领队参与

续表

时间	线路	课程亮点	设施配套	备注
上午第二部分	小爪水獭巡护之路	溯溪到小爪水獭监控的位点，发现小爪水獭的痕迹、检查孔外相机，偶遇小爪水獭，讲保护变迁的故事，从森林砍伐到沿着溪边道路，小爪水獭巡护之路途经之前的砍伐道路，运输卡车的行车道。可以溯溪一小段，红外相机拍摄到的内容作为黏性点，讲解一类特殊植物蛇孤	需要专家/巡护员陪同讲解，需要寻找合适位点，在靠近前用望远镜观察，寻找小爪水獭；访客需要穿溯溪鞋	本活动需要有巡护员作为科学领队参与
中午	返回	午餐+休息		
下午	国家公园人家—护林员家访	【人文邂逅】介绍吊罗山林场—自然保护区—国家公园的保护与利用历史历程。访谈当地居民和护林人员，认识热带农作物，并了解其功用和生命周期		当地社区人家参与活动，有偿安排当地午餐或下午茶

模块4：枫果山回程小爪水獭巡护之路（讲保护变迁的故事，从森林砍伐到沿着溪边探索，该巡护路途经之前的砍伐道路、运输卡车的行车道。可以溯溪一小段，红外相机拍摄到的内容作为黏性点，讲解蛇菰）。该线路往返1小时。

模块5：山顶天湖宾馆住宿，夜晚天湖附近雨林夜观，两栖爬行类动物丰富。

（3）尖峰岭片区

尖峰岭片区有良好的科研基础设施，如"天空地"监测中心、尖峰岭热带植物园、中国林业科学研究院海南尖峰岭森林生态系统野外科学观测研究站（以下简称"尖峰岭生态站"）等。

对生态体验和自然教育产品的线路和课程模块建议如下（尖峰岭片区线路设计详见表4-3）。

第一，利用好当地的现有基础设施，如尖峰岭"天空地"一体化监测体系和森林生态系统监测体系，结合其科研成果开展科普讲解，甚至在研究人员的带领下前往样地。探讨和协商利用尖峰岭生态站，特别是仪器和可视化信息，支撑科研定位站周边1~5公里距离以内的徒步科考路线。

第二，利用鸣凤谷路线的资源，开展热带雨林的深度体验。鸣凤谷有完备典型的热带雨林八大奇观，同时也是观鸟胜地，有观鸟、拍鸟的科学领队全程指导交流。

第三，考察尖峰岭热带植物园，认识常见的热带雨林植物。

生态体验和自然教育模块建议做如下设置。

模块1：鸣凤谷热带雨林体验和观鸟路线。

模块2：尖峰岭登顶观日。

模块3：尖峰岭热带植物园由本地护林员带领并提供植物分类识别讲解的徒步路线。

模块4：尖峰岭生态站及其周边的科考路线。

模块5：天池周边路线夜观。

表4-3 尖峰岭片区线路设计

时间	线路	课程亮点	设施配套	备注
DAY 1				
上午	"天空地"监测中心参观学习1小时			需要公园工作人员讲解，交流
下午	鸣凤谷路线2小时	【生态课堂】热带雨林生态景观和典型现象（板根、绞杀、独木成林、空中花园等），这里同时也是观鸟胜地，有观鸟、拍鸟的科学领队全程指导交流	栈道	外聘专家参与，做科学讲解
晚上	天池周边路线1小时	【生物多样性实践】雨林夜观（主题两栖+昆虫）	夜观相关设施，头灯手电	需要指导老师
DAY 2				
上午第一部分	尖峰岭登顶路线3小时	【户外徒步】早起看日出	沿木栈道攀登	邀请专家/护林员参与
上午第二部分	尖峰岭生态站—科考路线1小时	【生物多样性实践】中国林业科学研究院热带林业研究所试验站参观、尖峰岭生态站设备操作；户外线路介绍样方和样地、科学采集标本	专业人员带领下的规定科考线路	邀请专家/护林员参与
下午	尖峰岭热带植物园考察路线1小时	识别尖峰岭特色植物群落：坡垒（国家一级保护植物）、青梅（国家二级保护植物）、望天树等	热带植物主题科考线路	邀请专家/护林员参与
晚上	国家公园人家—护林员家访1小时	【人文邂逅】介绍尖峰岭林场—自然保护区—国家公园的保护与利用历史历程	热带农作物和热带水果识别、采摘	当地社区人家参与

（4）五指山片区

五指山是海南无人不知的IP，五指山二峰海拔1867米，是海南岛的最高峰，同时也是海南垂直带谱变化最明显的地方，五指山登顶线路徒步难度大，耗费时间多，沿途科普讲解内容丰富，建议邀请管理局的护林员作为导赏专家全程参与。当前可用于特许经营的自然教育活动的模块如下

（五指山片区线路设计详见表4-4）。

模块1：五指山热带雨林徒步——主席之路/兰花谷。

模块2：五指山热带雨林徒步——巡护之路。

模块3：五指山主峰科考线路。

模块4：亚太雨林酒店入住期间，利用周边环境开展夜观活动。

表4-4　五指山片区线路设计

时间	线路	课程亮点	设施配套	备注
DAY 1				
上午	五指山热带雨林徒步——主席之路/兰花谷1.5小时	探访主席之路即兰花谷，沿途有几十种海南热带雨林的兰花种类，还可以观察到热带雨林八大奇观	热带雨林栈道	邀请植物专家
下午	五指山热带雨林徒步——巡护之路2小时	【热带雨林课堂】热带雨林生态景观和典型现象（板根、绞杀、独木成林、空中花园等）	有栈道	需要五指山植物专家和巡护员做沿途科学讲解
晚上	亚太雨林酒店夜观	【生物多样性实践】雨林夜观（主题两栖+昆虫）	夜观相关设施，头灯手电	需要指导老师
DAY 2				
上午—下午	五指山登顶路线来回7小时	【徒步】和护林员参与一次五指山巡护，沿途观赏植物，观鸟，体验不同海拔的热带雨林区域	沿木栈道攀登	需要五指山植物专家和巡护员做沿途科学讲解
下午	水满乡科普馆参观1.5小时	综合了解五指山片区的动植物和保护现状	开放水满乡科普馆	需要五指山管理局专家讲解

（三）特许经营试点操作流程

负面影响可控的小团队生态体验和自然教育活动可列入雨林公园的首批特许经营目录中，其具体的特许经营项目操作流程如下。

第一步：雨林公园管理局/分局/总站进行相关项目规划

开展规划研究，基于资源状况、周边社区发展需求、市场基础制定国家公园科普产业化和周边乡村绿色发展协调方案。

第二步：分局/总站申请开展特许经营项目

基于上述科学研究成果，向上级主管单位提交《××开展特许经营项目试点申请》与《××特许经营项目工作方案》，经专家论证和上级批准后启动招标或磋商。

第三步：分局/总站制定特许经营项目招标方案

编制特许经营项目标书和管理办法，明确说明特许经营试点项目的空间和时间范围、业态（活动类型）、利用强度、监管措施、利益分配和责任方等。

第四步：社会机构申请并提交实施方案

根据招标要求和方案，向特许经营项目组织发起方提交机构简介、成为特许经营机构申请，并编制《××特许经营项目实施方案》（以下简称《实施方案》），明确经营线路和范围、建设项目和内容、经营使用资产清单、经营模式，制定竞争准入和退出细则等。

《实施方案》经过分局/总站初审后，由分局向雨林公园管理局提出申请，雨林公园管理局就《实施方案》征求地方政府、利益相关部门及群体的意见，组织专家进行评审，对评审通过的方案进行批复。

依据批复的特许经营方案，雨林公园管理局（甲方）和经营主体（乙方）共同签订特许经营合同/协议。特许经营合同/协议应包括本试点项目的经营时间、空间范围、活动类型、利用强度，以及双方的职责权利、续约要求和退出机制等。

第五步：特许经营项目启动运营

特许经营受许人在取得特许经营权后，按照《实施方案》和合同/协议，启动特许经营项目，按合同/协议确保项目活动落地，建立专业化的生态体验和自然教育机构或合作运营体，通过商业模式探索优化产业布局、产业串联和产业升级。依托专业机构而非传统旅游企业，开展自然资本价值和生态产品的专业化的宣传和营销。应自觉接受相关部门监督，自觉遵守国家有关法律法规、公园管理规定、合同明确的义务和限制性要求。

第六步：项目监管

地方政府支持和自然保护地管理机构监管二者缺一不可。在与社区构建新型伙伴关系的过程中，应确保社区利益优先而非完全由当地主导国家公园特许经营，避免低水平重复、垄断变形或地方保护下的恶性竞争。管理分局要结合日常管理、监督情况，按年度开展特许经营项目实施绩效评价，省管理局（林草局）负责总体评价验收。

雨林公园管理局/分局负责特许经营活动的具体监督管理工作，定期对特许经营合同/协议履行情况、特许经营项目建设运营情况、资源和环境保护情况等进行监测与评价，保障特许经营者所提供的产品或服务质量与效率，保证特许经营行为符合国家公园定位、总体规划和资源环境保护目标。

县级以上人民政府自然资源、生态环境、工商行政、卫生行政、质量监督、食品药品监督管理等有关部门根据各自职责分工，对特许经营受许人执行法律、行政法规、行业标准、产品或服务技术规范等情况进行监督管理，并依法加强成本监督审查。县级以上审计机关依法对特许经营活动进行审计。

（四）各方职责

开展雨林公园生态体验和自然教育工作，需要在相关法律法规的基础上，明确以下利益相关方的职责。

（1）雨林公园管理局

负责制定发布雨林公园生态体验和自然教育以及特许经营专项规划、工作方案等；对试点工作进行总体监督、总结评估，制定和完善雨林公园特许经营管理办法。

（2）试点项目所在分局

负责指导和监管试点项目的生态体验线路规划，负责按照批复意见实施相关程序，负责探索特许经营生态产品价值转化，编制生态产品价值转化核算机制，发布生态价值转化指数，积极探索资源有偿利用方式和标准。负责制定监督管理办法，不定期开展监督管理活动，及时发现制止特许经营活动中的各种损害行为。

（3）试点项目所在的管护站

承担具体试点工作；引导支持特许经营企业经营国家公园品牌、深入开展宣传和品牌推广，指导企业与村集体经济合作，指导建立企业经营利益分享机制；指导企业开展规范化运营管理，建立预约机制和台账管理机制，按批复方案执行特许经营实施方案；指导科研和科普部门有序参与特许经营科普环节。各相关管护站负责协助开展特许经营试点项目的安全救援、应急管理，协助提供科普科研人才和志愿者，协助管理分局开展监督管理。

（4）国家公园所在地市县政府

做好社区管理和协调，支持特许经营项目的开展；承担国家公园范围内的经济发展、社会管理、公共服务、防灾减灾、市场监管等职责；在生态保护的前提下，积极探索企业惠益社区，多方赋能社区参与国家公园、公众开放和安全保障的有效模式；培训当地社区，协助原住居民完善访客接待基础设施。

（5）特许经营企业

按照特许经营试点项目方案和合同/协议内容，引领和撬动各类社会资源和金融资源，示范国家公园特许政策；实现生态体验和自然教育产品设计、运营和推广，提供高质量、多样化、有市场竞争力的服务；帮助实现生态示范建立国家公园环境解说标准、网络预约和经营管理机制、雨林公园品牌特许经营相关制度；与村集体经济组织建立合作关系和利益分享机制，参与整合升级现有民宿、带路、观鸟等活动；协助国家公园管理机构建立提供环境教育服务的规范流程，参与牵头组建与运营相关的协会，参与培训培养农村新型经营主体；与地方政府和社区共建共管，协同探索国家公园社区乡村振兴模式；积极配合试点工作期间的评估和监测工作，及时提交并反馈特许经营试点项目的相关情况。

（6）村级组织（村集体经济组织）

当地社区负责与特许经营企业建立合作关系，联动开展相关经营活动，根据所在地条件组织原住居民参与住宿、餐饮、交通、向导等服务；组织社员参与国家公园生态体验的专业化培训，参与解说和其他服务流程。

（7）非政府组织及科研机构

为管理机构提供数据和研究支持，同时为原住居民提供技术培训等支持。

二　既有项目改造的工作方案示例

五指山片区已有红峡谷文化旅游风景区的大众漂流项目，并在建占地面积 50 亩以上的赏月养生酒店群（见图 4-3）。这样的项目，不仅没有体现国家公园的资源环境优势，还易于对国家公园的生态保护产生不利影响。在中央生态环保督察的严格要求下，这种合法批建的项目如果还是维持原有的业态很可能会被迫关停。为此，考虑到雨林公园的未来发展方向和红峡谷区域的资源环境优势，并依据《海南热带雨林国家公园生态旅游专项规划（2024—2030 年）》和《海南热带雨林国家公园自然教育专项规划（2024—2030 年）》，将这个区域改建为雨林公园（五指山片区）"生态保护、绿色发展、民生改善相统一"综合示范区。这种改建的谋划包括三方面工作：①政策法规依据；②区域和建筑物的功能调整；③自然教育、生态体验、户外运动组合新业态设计。经过如下的项目改造，这个项目在2023 年中央生态环保督察中通过了现场考察，并未被列为问题整改点——实际上意味着通过了中央生态环保督察。

养老公寓

集中客房

服务楼

上游车站及会议中心

图 4-3　赏月养生酒店群原规划方案效果图

（一）政策法规依据

项目所在地位于生态保护红线内和国家公园一般管控区内，这两类区域的管控政策如下。①中共中央办公厅、国务院办公厅印发的《关于在国土空间规划中统筹划定落实三条控制线的指导意见》第二条第四款："按照生态功能划定生态保护红线。生态保护红线是指在生态空间范围内具有特殊重要生态功能、必须强制性严格保护的区域……在符合现行法律法规前提下，除国家重大战略项目外，仅允许对生态功能不造成破坏的有限人为活动，主要包括：……不破坏生态功能的适度参观旅游和相关的必要公共设施建设。"②国家林业和草原局印发的《国家公园管理暂行办法》第十八条："国家公园管理机构在确保生态功能不造成破坏的情况下，可以按照有关法律法规政策，开展或者允许开展下列有限人为活动：……（六）不破坏生态功能的生态旅游和相关的必要公共设施建设。"

项目区位、业态和对应的建设内容符合以下政策法规和规划。从《海南热带雨林国家公园总体规划（2023—2030年）》《海南热带雨林国家公园条例（试行）》《海南热带雨林国家公园特许经营目录》《海南热带雨林国家公园生态旅游专项规划(2024—2030年)》《海南热带雨林国家公园自然教育专项规划（2024—2030年）》中可以整理出以下设计依据。

与生态旅游业态对应的基础设施是必要的、适度的。《海南热带雨林国家公园条例（试行）》确定"海南热带雨林国家公园一般控制区内的经营性项目实行特许经营制度"，（第四十条）支持建设多元化展示区，设立科研科普、环境教育、生态体验、展览展示等中心或者基地，开展科普、环境和法律法规宣传教育。在保护生态环境的前提下，在一般控制区内科学合理划定自然教育、森林康养、休闲度假、旅游观光、生态科普和野生动植物观赏等活动的区域、线路。《海南热带雨林国家公园特许经营目录》（第一批），规定了可开展特许经营的具体业态范围，生态旅游、漂流等均在目录范围内。项目的建设内容均是国家公园生态旅游和展示"三统一"的必要的基础设施：微缩生态系统、博物馆、天文馆、湿地净化生态系统、主题植物园、茶旅融合体验馆，其对应的完整的自然教育活动按教学计划为白天 8 个课时、夜晚 3 个课时，部分访客和研学学生的过夜需求是刚性的。对应于每月 1000 人次（下限值，上限值在长假期间日游客超过 5000 人次、有住宿需求的超过 1000 人次）的生态体验和自然教育研学活动人数，安排 150 个左右标准间床位是适度的。

统一执行《海南热带雨林国家公园特许经营目录》，以此作为特许经营业态的准入标准，包括服务设施类、销售商品类、租赁服务类、住宿餐饮类、文体活动类、生态体验和度假康养类、科普教育类、旅游运输类和标识类等九大类，涉及博物馆、餐饮店、民宿、体育赛事、婚庆活动、生态体验、森林康养、观光直升机、低空观光飞行器等 47 种特许经营内容。《户外运动产业发展规划（2022—2025 年）》提出，在部分有条件的国家公园、自然保护区、自然公园等自然保护地划定合理区域开展自然资源向户外运动开放试点。在符合国家公园分区管控要求和国家公园总体规划的基础上，指导、支持在三江源国家公园、大熊猫国家公园、海南热带雨林国家公园、武夷山国家公园等自然保护地一般控制区内，因地制宜开展登山、徒步、越野跑、自行车、攀岩、漂流、定向等户外运动项目试点。总结试点经验，明确自然保护地开展户外运动赛事活动的申请条件和程序，研制自然保护地开展户外运动的管理制度。

（二）区域和建筑物的功能调整

该项目用地被《海南热带雨林国家公园总体规划（2023—2030 年）》划为国家公园一般控制区，项目各设施对应于绿色发展新业态进行以下四方面调整：①规划功能主题调整——包括国家公园研学综合体/运动康复基地/三茶展示和体验基地三方面国家公园主题的"生态保护、绿色发展、民生改善相统一"综合示范区；②建筑室内功能调整——体现国家公园的研学、文化体验公益性主题（生态博物馆、茶产业展示馆等）；③建筑屋顶功能调整——布置天文馆和近自然绿化系统；④景观设计调整——将通常的园林变化调整为热带雨林生态系统微缩展示区，结合项目区域的自然条件和建筑设施的环保要求增加湿地净化系统展示区。

最终的空间布局为国家公园访客中心+运动康复基地+红峡谷森林康养基地+国家公园户外运动基地+国家公园研学综合体等（见图4-4）。

①国家公园研学综合体
②国家公园访客中心+运动康复基地+红峡谷森林康养基地
③植物驯化研学基地（兰花/野菜）
④山兰稻和大叶茶种质资源展示区
⑤木棉-水稻复合生态系统展示区
⑥国家公园户外运动基地

图4-4　综合体区域空间布局规划（功能调整和设施改造后）

其中体量最大的主体为国家公园研学综合体，其建筑单体功能进行以下调整：①原车站建筑功能调整为国家公园户外运动基地，新建雨林体验径；②原服务楼功能调整为国家公园研学综合体，增加雨林公园博物馆、天文观测中心及研学中心办公区；③原集中客房功能调整为三茶文化及黎苗文化展示中心，增加三茶文化及黎苗文化展览馆。

配合建筑单体功能调整，园区中心设置热带雨林生态系统微缩展示区，并在周边临河区域建设湿地净化系统展示区、植物驯化研学基地（兰花/野菜）、山兰稻和大叶茶种质资源展示区、木棉-水稻复合生态系统展示区。

（三）自然教育、生态体验、户外运动组合新业态设计

第一，国家公园五指山片区自然教育、环境解说与国家公园户外运动产业资源评估，重点在红峡谷区域以及红峡谷区域与五指山雨林区域的串联。

第二，研学中心发展战略规划客群定位、市场分析和资源评估，研学

课程体系规划、线路规划，与《义务教育课程方案和课程标准（2022 年版）》对标。

第三，国家公园自然教育和户外运动产品的教学计划和课程设计方案。针对研学的学生，安排四个学时半天的活动，全程有研学导师带队，主题为雨林生态秘境、生态漂流体验、雨林人家、热带野生种质资源和我们；实训课程为国家公园护林员体验、国家公园志愿者、国家公园青少年生态守护者、公众科学家项目、国家公园户外运动技巧。

第四，红峡谷区域的国家公园微缩生态系统、博物馆、天文馆、主题植物园（海南木棉-水稻复合生态系统和野菜驯化之路）、湿地净化系统的解说体系和导览标牌，形成完整的从下午到夜晚的四个学时的活动。

.

附　件

附件 1

"爱知目标"和"昆蒙框架"对比

1. 从"爱知"到"昆蒙",提法有什么变化?为什么发生这些变化?

提法	"爱知目标"	"昆蒙框架"	原因
爱知目标 2 和"昆蒙框架"14 行动目标	最迟到 2020 年,生物多样性的价值被主流化到国家和地方的发展、减贫战略以及规划过程中,纳入国民经济核算并以适当的方式,纳入国家核算与报告体系	确保将生物多样性及其所有价值观充分纳入各级政府和所有部门的政策、法规、规划及发展进程,环境影响评估,并酌情纳入国民账户,特别是对生物多样性有重大影响的部门,逐步使使所有相关的公共和私人活动、财政和资金流动与该框架的目标和指标相一致	区别:后者提出"逐步使所有相关的公共和私人活动、财政和资金流动与该框架的目标和指标相一致"。原因:环境经济核算体系在国民经济统计标准、其核心指标被称为"绿色 GDP"。2021 年,该体系将生态系统价值纳入其中,形成《环境经济核算体系——生态系统核算》,从物质和货币角度将一衡量了生态系统的范围、状况和服务,明确了生态系统对经济发展和社会福祉的贡献。逐步进一步将指标纠正了 GDP 单一重视经济增长、忽略资源环境保护和社会公平等问题。该指标通过构建经济、社会和环境三个账户,用货币单位全面核算了社会和环境福利的贡献,弥补了 GDP 在测算可持续性和社会福利方面的不足,为评价地区经济社会可持续发展提供了更为准确的信息

续表

提法	"爱知目标"	"昆蒙框架"	原因
爱知目标3和"昆蒙框架"18目标 激励机制	最迟到2020年，完善激励机制，包括取消、淘汰或改进对生物多样性不利的各种补贴，以减轻或避免对生物多样性的不利影响，推出有利于生物多样性保护与可持续利用的积极激励机制，做到与《生物多样性公约》和其他国际义务相协调一致，考虑到国际上的社会经济条件	到2025年，以相称、公正、有效和公平的方式确定并消除、逐步淘汰或改革激励措施，包括对生物多样性有害的补贴，到2030年，每年大幅逐步减少至少5000亿美元，首先加生物多样性保护和可持续利用的积极激励措施	区别：后者有明确的规定——每年大幅逐步减少至少5000亿美元，首先减少最有害的激励措施，增加生物多样性保护和可持续利用的积极激励措施。原因：激励措施最本质的问题在于明晰有害补贴的范畴，几乎所有经济部门都存在补贴现象，但部分补贴也存在有害性，它们可以通过扭曲市场价格和资源配置决策对环境造成负面影响。目前，国际上有关生物多样性有害补贴的前确切定义、范围有待着争议。在人类生产活动中，各种政策措施的实施也可能影响着生产或消费活动，而相应的生产或消费活动都可能对环境产生正面或负面影响。因此，明确取消补贴对生产或消费决策产生什么影响以及这些影响的前环境之间的相互关系是明晰有害取消有害补贴的生态导向实行提。但自2015年起，我国就开始以绿色生态为导向实行农业补贴改革，大力推进低毒低残留农药示范补贴试点等工作。在化肥农药领域，相关补贴亦整合为农业支持保护补贴，政策目标调整为支持耕地地力保护和粮食适度规模经营

续表

提法	"爱知目标"	"昆蒙框架"	原因
爱知目标 7 和 "昆蒙框架" 10 农业、水产养殖、渔业和林业领域得到可持续管理	到 2020 年,农业、水产养殖、渔业和林业领域得到可持续管理,其中的生物多样性得到保护	确保农业、水产养殖、渔业和林业领域得到可持续管理,特别是通过大幅度增加生物多样性友好做法的应用,如可持续集约化、农业生态和其他创新方法促进这些生产系统的长期效率和生产力提升,促进粮食安全,保护和恢复陆生自然对人类的贡献,包括生态系统功能和服务	区别:后者更加细致一些,并且随着时代的改变更加注重对创新方法的使用。 原因:随着全球社会经济的不断发展,农林牧渔业也得到了发展的契机,就现阶段来说,尤其是对于现阶段的一些地区来说,存在着极为严重的环境污染等问题,如果不能及时进行战略部署,那么会造成全球资源短缺为严重的生态危机。因此,针对这一问题,首先,要坚持从根本上出发,转变传统的农林牧渔生产方式,做好生态资源合理利用的目标体系。其次,要建立完善的工作,以此来满足生态资源合理利用的重要方式之一,新型生产结构的重要方式之一,就要在农林牧渔业可持续发展方式上出发,积极对现阶段的经济的基本需求上出发,积极对现阶段的经济与产业等方面进行调整
爱知目标 8 和 "昆蒙框架" 7 污染	到 2020 年,污染,包括营养物过剩,被降低到不再危害生态系统功能和生物多样性的水平	考虑到累积效应,到 2030 年将所有来源的污染风险和负面影响减少到对生物多样性和生态系统功能与服务无害的水平,包括:减少至少一半流失到环境中的过量养分,提高养分循环和利用的效率,总体上将有关使用农药和剧毒化学品的风险减少至少一半,以科学为根据,生计,又要减少和消除塑料污染	区别:后者更细致一些。 原因:生物多样性锐减、气候变化和污染被称为当今世界三大环境危机。而化学品污染,作为导致生物多样性锐减的重要成因,则是近年来的重点关注。联合国环境署发布的《化学品和废物之间的相互联系和生物多样性:关键见解》将化学品污染细分为四个部分:未、持久性有机污染物、农药和废弃物。通过会议讨论,全球化学品环境保护领域得到空前发展,对于污染有了更规范的要求:化学品三公约缔约方大会已于 2022 年 6 月在日内瓦顺利召开

续表

提法	"爱知目标"	"昆蒙框架"	原因
爱知目标 9 和"昆蒙框架"行动目标 6 外来入侵物种	到 2020 年，外来入侵物种及其入侵途径得到确认及其危害得到控制或被根除，采取措施控制入侵途径，防止入侵物种的进入和定居	通过确定和管理引进外来物种的途径，防止重点外来入侵途径引入和定居，尽量减少、减少和/或减轻外来入侵物种对生物多样性和生态系统服务的影响，到 2030 年，将其他已知或潜在入侵外来物种的引进和定居率至少降低 50%，消除或控制入侵外来物种，特别是在岛屿等优先地点	区别：后者制定了更详细的目标——到 2030 年，将其他已知或潜在入侵外来物种的引进定居率至少降低 50%，消除或控制入侵外来物种，特别是在岛屿等优先地点。原因：岛屿和大陆沿海地区之所以成为外来物种入侵的重要交通枢纽，很可能是因为这些地方有像港口这样的热点区域，它们为外来物种提供了一个重要人口。由于外来入侵对当地生态造成不利影响，未来有必要研究相关的预防措施，保护那些比较脆弱的地区
爱知目标 10 和"昆蒙框架"行动目标 8 减少气候变化和海洋酸化对生物多样性的影响 珊瑚礁和其他脆弱生态系统	到 2020 年，将对气候变化或海洋酸化造成的多重压力下的珊瑚礁和其他脆弱生态系统的各种人为压力减至最低，以确保珊瑚礁和生态系统的完整性和功能发挥	最大限度地减少气候变化和海洋酸化对生物多样性的影响，并通过缓解、适应和减少灾害风险的行动，包括通过基于自然的解决方案和/或生态系统的办法，同时减少对生物多样性的不利影响，促进对生物多样性的积极影响	区别：前者侧重于强调珊瑚礁和其他脆弱生态系统的保护；后者则是强调对生物多样性保护的保护，且对所采取的行动做出了更详细的说明。原因：在工作领域方面，海洋生物多样性保护相关议题从最初仅关注海洋生物多样性的现状，逐渐拓展到这些威胁因素的工具和方法上。但这些议题大多侧重减少海洋生物多样性威胁，在战略目标制定方面，从保护 10% 的海洋目标提升到 COP15 上通过的"至少保护 30% 的海洋区域"的"3030 目标"。但要想实现"3030 目标"，在实现数量目标的同时，还需要考虑对海洋进行科学的保护规划和利用

续表

提法	"爱知目标"	"昆蒙框架"	原因
爱知目标11和"昆蒙框架"2 生态系统保护面积	到2020年，至少17%的陆地与内陆水域以及10%的海岸与海洋，尤其是那些生物多样性和生态系统服务重要的地区要得到保护	确保到2030年，至少30%的陆地、内陆水域，沿海和海洋区域得到有效恢复，以增强生物多样性和生态系统功能和服务，生态完整性和连通性	区别：关于海洋保护面积的规定不同。原因：早在2000年前后，科学家就已经呼吁，至少保护全球30%的海洋，才能够有效保护生物多样性。2003年，世界公园大会就建议，到2012年有20%~30%的海洋受到严格保护。但由于政治意愿不足，2010年《生物多样性公约》缔约方在日本爱知县只达成一个打了折扣的目标——保护全球10%的海岸与海洋面积（爱知目标11）。当前30%得到了英国、欧盟、加拿大、哥斯达黎加，且被否尔等国家和地区的强烈支持，且被加入昆蒙框架中
爱知目标12和"昆蒙框架"4 物种灭绝	到2020年，防止已知物种的灭绝，及受威胁物种，尤其是那些数量锐减的物种的保护状况要得到改善和持续保护	确保采取紧迫的管理行动，停止人为导致的已知受威胁物种的灭绝，实现物种特别是受威胁物种的恢复和保护，大幅度降低灭绝风险，维持本地物种的物种丰度，维持和恢复本地、野生和驯化物种之间的遗传多样性，保持其适应潜力，包括为此实行就地、移地保护和可持续管理做法	区别：提出了就地和移地保护的做法。原因：（1）就地保护是指以各种类型的自然保护区包括风景名胜区，对有价值的珍稀动植物，绝大多数在自然保护区里维持系统内的物质能量流动与生态过程。目前，我国主要的野生动植物，就地保护为主要措施为全域生物多样性保存得到较好的保护，就地保护因为栖息环境不复存在。做出了重大贡献。（2）某些野生动物因为原因，种群数量极小或濒临灭绝。为了保护这些野外动物，使物种生存和繁衍受到严重威胁。通过把它们从栖息环境中转移到育种中心等地，实行迁地保护，进行特殊的保护和繁殖管理，然后向它的原有分布区实施"再引入"，繁育及野生种群。它的首要工作包括引种、驯养，以恢复野生种群等环节

续表

提法	"爱知目标"	"昆蒙框架"	原因
爱知目标14和"昆蒙框架行动目标"9 可持续习惯	考患妇女、原住居民和当地社区以及贫困人口和脆弱人口的需求	保护和鼓励原住居民和地方社区的生计和可持续的习惯使用	区别：增加了对可持续习惯的关注。原因：社会成员对需求是引导生产活动的根本动因。所以，消费者是否选择生态友好型消费，是决定整体经济活动是否转向生态友好型的主因。因此，要更好地改变是极为多样性保护及可持续发展，消费者消费偏好的改变是极为重要的一个方面。生态友好型消费者对于消费品的选择，一要选择节约自然资源消耗的产品与服务（避免选择诸如高物耗、高排放的奢侈品，再如高能耗的一次性产品）；二要抵制以严重损害生物多样性和生态系统功能为代价的产品与服务（如以濒危野生动植物为原材料的制品）；三要对新技术产品保持风险意识（如对转基因产品，不仅要考虑其实现安全性，更要考虑其是否遗留较大的生态风险）。在消费者背景下，生产者为了获取市场需求和利润，必然迎合消费者偏好，由此可倒逼通道生产者转向生态友好型生产方式
爱知目标14和"昆蒙框架行动目标"11 生态系统服务 生态系统服务功能	到2020年，提供重要服务的生态系统，包括与水资源有关的服务，对健康与生计以及福祉有益的服务等，使生态系统得到恢复到保护	恢复、维持和增进自然对人类的贡献，包括生态系统功能和服务	区别：爱知目标不仅提到了"恢复"维持"，"昆蒙框架行动目标"更添加了增加生态系统的服务功能。原因：生态系统的恢复效果在近些年较为可观，因此新的目标需要在巩固现有成果的基础上，增进自然对人类的贡献

续表

提法	"爱知目标"	"昆蒙框架"	原因
爱知目标20与"昆蒙框架目标"19 融资渠道及程序	最迟到2020年，为有效实施《2011—2020年生物多样性战略计划》，调动所有来源的资金，确保融资程序与已经通过的《资源调动战略》保持一致，融资应在现有基础上显著增加，该目标将根据缔约方提交评估报告所需求的资金变化而变化	根据《生物多样性公约》第二十条，以有效、及时和容易获得的方式，逐步大幅增加所有来源的财务资源，包括国内、国际、公共和私人资源，以执行《国家生物多样性战略和行动计划》，到2030年每年至少筹集2000亿美元，通过以下方法：(a)增加从发达国家和自愿承担中国发展中缔约方义务的国家流向发展中国家特别是最不发达国家和小岛屿发展中国家以及经济转型国家的国际资金总量，包括海外发展援助，到2025年每年至少达到200亿美元，到2030年每年至少到300亿美元；(b)制定和实施国家生物多样性融资计划或类似工具，根据国家需要、优先事项和国情，大幅增加国内资源调动；(c)利用私营部门和额外资金，实施新的和额外资源的战略，鼓励私营部门向生物多样性投资，包括通过影响社会保障的新计划、环境社会系统服务付费、绿色债券、生物多样性补偿和信用、惠益分享机制等；(d)激励具有积极环境社会系统服务，如生态系统服务，优化生物多样性作用；(e)优化生物多样性和气候危机融资的共同惠益和协同作用，包括原住民 (f)加强集体行动的作用，包括原住民	区别：后者有具体的规定，更加详细。 原因：(1)有利于形成有周期性、见效慢、公益性等特点，这使得传统金融业务很难介入该领域，降低了金融机构参与生物多样性保护本身的积极性。因此，必须创新金融模式，丰富生物多样性保护的金融模式，逐步建立与生物多样性特点相适应的金融模式，或者能够进一步平衡生物多样性项目风险和收益，以满足社会资本的偏好。(2)有利于提升生物多样性金融规模。保护生物多样性需要加大相关投入，到2030年前每年支出水平为7220亿~9670亿美元，相当于2019年GDP的0.7%~1%。其中农业方面的支出约为3150亿~4200亿美元，森林方面的支出约为230亿~470亿美元，渔业方面的支出约为190亿~320亿美元。当前，社会资本占比非常低。需要通过金融创新，吸引更多金融机构和社会资金参与生物多样性保护。(3)有利于强化生物多样性治理方面的挑战。生物多样性对世界经济社会发展具有重要意义，入侵物种治理严重依赖自然环境，OECD研究显示全球40万亿美元的产值在一定程度上依赖生物多样性和生态系统服务，约占全球GDP的50%。但是，生物多样性和生态系统服务政府间科学政策平台2019年发布的报告显示，全球物种灭绝的速度比过去1000万年的平均速度快上数十倍甚至数百倍。生物多样性风险日增

续表

提法	"爱知目标"	"昆蒙框架"	原因
		和地方社区的集体行动，以地球母亲为中心的行动和非市场办法，包括基于社区的自然资源管理和民间社会同社会团结合作的合作性措施；（g）提高资源提供和使用的效力、效率和透明度	上升，不仅影响经济增长，也会形成系统性的金融风险。创新生物多样性金融，能够抢抓生物多样性保护的机遇，增强相关投理，同时，有利于金融机构强化相关风险的管资规模

2. "昆蒙框架"目标比"爱知目标"多了哪些任务和要求？

昆蒙框架行动目标1： 确保所有区域，处于参与性、综合性、涵盖生物多样性的空间规划，和/或在其他有效管理进程之下，到2030年之前使具有高度生物多样性重要性的区域，包括生态系统和具有高度生物多样性的区域的丧失接近于零，同时尊重原住居民和地方社区的权利。

原因：城市或区域的规划和发展，首先应该做好各项规划，生物多样性规划是其中最重要的规划之一。目前，由中国生物多样性保护与绿色发展基金会标准工作委员会制定的《生物多样性规划标准》（T/CGDF 00029-2022）团体标准已通过专家论证并正式实施，采用《生物多样性规划标准》能够有效扭转生物多样性丧失局面，实现生物多样性保护、生态环境保护和经济高质量发展。该标准旨在进一步加强中国生物多样性保护工作，推动"将生物多样性保护纳入各地区、各有关领域中长期规划"（中共中央办公厅、国务院办公厅印发的《关于进一步加强生物多样性保护的意见》）。

昆蒙框架行动目标3： 确保和促使到2030年至少30%的陆地、内陆水域、沿海和海洋区域，特别是对生物多样性、生态系统功能和服务特别重要的区域，通过具有生态代表性、保护区系统和其他有效的基于区域的保护措施至少恢复30%，在适当情况下，承认当地和传统领土融入更广泛的景观、海景和海洋，同时确保在这些地区适当的任何可持续利用完全符合保护成果，承认和尊重原住居民和地方社区的权利，包括对其传统领土的权利。

原因："昆蒙框架"从保护地比例和实现路径两方面继承和拓展了"爱知目标"的内容。保护地比例方面，顺应100多个加入高雄心联盟国家"保护至少30%的陆地和30%的海洋"的呼声，提出"有效养护和管理至少30%的陆地和内陆水域以及海洋和沿海区域"。同时，照顾到一些国家对目标可达性的担忧，尤其是将全球海洋保护比例从2020年的4.1%提高到2030年的30%存在诸多挑战，目标在表达上突出了"确保并使有能力"，体现对执行保障的重视。实现路径方面，除严格意义的保护地体系之外，还强调了其他有效的基于区域的保护措施（OECMs）以及传统领地等存在养

151

护和可持续利用并举的区域，认可了原住居民和地方社区（Indigenous Peoples and Local Communities，IPLCs）对其所有的传统领地的各项权利，以及IPLCs在管理传统领地时对生物多样性保护和可持续利用的贡献，这与《2011—2020年生物多样性战略计划》（以下简称《战略计划》）相比是一个重要的提升。

昆蒙框架行动目标4：有效管理人类与野生动物的互动，减少人类与野生动物的冲突，以利共处。

原因：2023年3月30日至4月1日，世界自然保护联盟物种生存委员会（IUCN SSC）人类与野生动物冲突与共存专家组，由全球环境基金资助、世界银行领导的全球野生动物项目以及牛津大学生物学院野生动物保育科研单位在英国牛津共同举办了"人类与野生动物冲突与共存国际会议"。数百名背景不同的代表参加了会议，其共同目标是：促进对话，对最新的方法和思想产生跨学科的理解，并确定和开发有效解决人类与野生动物冲突（Human-Wildlife Conflict，HWC）管理差距的方法。

《世界自然保护联盟物种生存委员会人类与野生动物冲突与共存指南》（以下简称《指南》）于2023年4月被成功发布。之后将基于《指南》制定一个框架，为2022年底通过的昆蒙框架行动目标4的进展提供支持。为了提高参与度、增强政策和高效管理能力，后续将召集一个工作组讨论HWC监测指标的未来。在一些国家已经实施了不同程度的相关影响监测，但事实证明，评估机会和医疗成本等间接挑战更难加以评估。

昆蒙框架行动目标5：确保野生物种的使用、采猎、交易和利用是可持续的、安全的、合法的，防止过度开发，减少对非目标物种和生态系统的影响，减少病原体溢出的风险，采用生态系统方法，同时尊重和保护原住居民和地方社区的可持续的习惯使用。

原因：野生物种利用的现状和趋势因利用类型和规模以及社会-生态环境而异。①最新的全球估计表明，大约34%的海洋野生鱼类资源被过度捕捞，66%在生物可持续水平内捕捞，但这一全球图景显示出强烈的异质性。②受威胁和/或受保护的海洋物种的无意兼捕对许多种群来说是不可持续的，包括野生海龟、海鸟、鲨鱼、鳐鱼、嵌合体、海洋哺乳动物和一些硬骨鱼类。减少无意兼捕和丢弃的工作正在取得进展，但仍然不够。③用于食品、医药、卫生、能源和观赏用途的野生植物、藻类和真菌的贸易正在增加。④陆地动物捕获发生在各种治理、管理、生态和社会文化背景下，这影响到可持续利用的结果。在全球范围内，由于不可持续的利用，许多陆生动物的数量正在下降，但在某些地方，利用对野生物种和社会的影响可能是中性的或积极的。⑤大型哺乳动物是生存和商业狩猎的最主要的目标物种，因为这些动物会提供更多的肉类消费和销售价值，为猎人的家庭带来更多的经济利益。⑥伐木获取能源是全球普遍现象，但发展中国家对木材取暖和烹饪的依赖程度最高。⑦破坏性采伐行为和非法采伐威胁着天然森林的可持续利用。⑧以自然为基础的旅游是一种重要的非提取性实践和对野生物种的休闲利用。到 2020 年，对与野生物种相关的影像产品（如纪录片）和实地观察（如野生动物观赏旅游）的需求一直在增长。

昆蒙框架行动目标 12： 通过将生物多样性的保护和可持续利用纳入主流，大幅提高城市和人口密集地区绿地的面积、质量和连通性，并可持续地利用绿地，确保城市规划中的生物多样性包容性，增强本地生物多样性、生态连通性和完整性，改善人类健康和福祉以及与自然的联系，促进包容性和可持续的城市化以及提供生态系统功能和服务。

原因：城市绿地是支持城市生物多样性的重要栖息地，目前对城市绿地生态过程以及城市绿地如何在不同空间尺度上保护生物多样性的了解仍然有限，需要深入探析城市绿地的大小、连通性、类型和对城市中社区、人口和生活的影响等关键问题，以促进城市绿地生物多样性的科学保护和恢复。**国际上，如英国等国家的基于景观和集合种群生态学建立的研究框架将有助于更好地理解城市绿地的生态功能，进而有效规划和管理绿地，以保护生物多样性并帮助恢复生态活力。**

昆蒙框架行动目标 13： 酌情在各层面采取有效的法律、政策、行政和能力建设措施，确保公正和公平分享利用遗传资源和遗传资源数字序列信息以及与遗传资源相关的传统知识所产生的惠益，便利获得遗传资源，根据适用的获取和分享惠益国际文书，到 2030 年促进更多地分享惠益。

原因：遗传资源数字序列信息（DSI）是近年来 DNA 测序技术的产物。作为一种特殊的非实物性质的信息资源，DSI 可能给遗传资源获取与惠益分享制度带来挑战，已成为《生物多样性公约》缔约方大会谈判的焦点议题。由于发达国家缺乏解决 DSI 问题的意愿，发展中国家通过在框架文案中加入 DSI 表述的做法，将 DSI 问题的解决与框架的通过进行捆绑，以此推动 DSI 问题的解决。最终，欧盟、非洲集团、瑞士、挪威等各方达成共识，决定在《生物多样性公约》缔约方大会后续谈判中讨论 DSI 惠益分享问题。为了反映这一共识，"昆蒙框架"长期目标提出至 2050 年大幅增加"利用遗传资源、遗传资源数字序列信息以及与遗传资源相关的传统知识（如适用）所产生的货币和非货币利益得到公平的分享"。COP15 首次将 DSI 写入"昆蒙框架"，实现了发展中国家对 DSI 惠益分享的阶段性诉求，在内容上已取得实质进步，对于进一步发展遗传资源获取与惠益分享的国际制度具有重要意义。

昆蒙框架行动目标 15：采取法律、行政或政策措施，鼓励和推动商业，确保所有大型跨国公司和金融机构：（a）定期监测、评估和透明地披露其对生物多样性的风险、依赖程度和影响，包括对所有大型跨国公司和金融机构及其运营、供应链、价值链和投资组合的要求；（b）向消费者提供所需信息，促进可持续的消费模式；（c）遵守获取和惠益分享要求并就此提出报告。由此逐步减少对生物多样性的不利影响，增加有利影响，减少对商业和金融机构的生物多样性相关风险，并促进采取行动确保可持续的生产模式。

原因：生物多样性以食物供应、碳储存、水和空气过滤等生态系统服务的形式创造了巨大的经济价值。根据学术研究和 BCG 分析，这些服务每年可以创造超过 150 万亿美元的价值，约为全球 GDP 的两倍。许多商业活动，特别是与资源开发和培育相关的活动，加剧了生物多样性丧失的压力。目前对于生物多样性丧失，超过 90% 的人为压力来自食品、能源、基础设施和时尚四大产业价值链的运作。随着生态系统的衰退，企业面临着巨大的风险，包括原材料成本上升，以及来自消费者和投资者的强烈抵制。但危机也创造了真正的机遇，采取行动支持生物多样性的企业可以开发强大的新产品和商业模式，提高现有产品的吸引力，并降低运营成本。

五大主要压力：土地和海洋用途改变、自然资源的直接过度开发、气候变化、污染以及入侵物种的扩散，正在导致生物多样性的急剧丧失。生态系统功能的衰退已经造成了一系列自然服务的丧失，给全球经济带来了每年超过 5 万亿美元的损失。

昆蒙框架行动目标 16：确保鼓励人们并使人们能做出可持续的消费选择，包括通过建立支持性政策、立法或监管框架，改善教育和获得相关准确的信息和其他选择，到 2030 年，以公平的方式减少全球消费足迹，包括将全球粮食浪费减半，大幅减少过度消费，大幅减少废物产生，使所有人都能与地球母亲和谐相处。

原因：虽然可持续发展目标明确寻求解决营养问题，但并未提及"可持续饮食"。例如海鲜是被广泛接受的肉类替代品，用可持续捕捞取代今天的过度捕捞可能会满足每年 2000 万公吨（英制单位 1 吨 = 1.016 公吨）的额外需求，对环境友好且可持续的未投喂生物体的海水养殖有可能缓解对农田、淡水、肥料和捕捞渔业的压力。英国对不可持续的产品生产或过度消费（尤其是非必需食品）的广告进行更严格的限制，以及设置标签和增加宣传活动，可能有助于改变饮食。

昆蒙框架行动目标 20：加强能力建设和能力发展，加强技术获得和转让，促进创新和科技合作的发展和获得，包括通过南南合作、南北合作和三边合作，以满足有效执行框架的需要，特别是在发展中国家，促进联合技术开发和联合科研方案，保护和可持续利用生物多样性，加强科研和监测能力，与框架的长期目标和行动目标的雄心相称。

原因：当今国际社会需要共同解决工业文明带来的诸多问题，通过全球环境治理，携手推进实现联合国可持续发展目标。生物多样性丧失、气候变化（如全球变暖）和环境污染已被联合国列为三大全球性危机。从未来 10 年的风险发生概率和影响来看，重大生物多样性丧失和生态系统崩溃是全球前五大风险之一。

昆蒙框架行动目标 21：确保决策者、从业人员和公众能够获取最佳现有数据、信息和知识，以便指导实现有效、公平治理和生物多样性的综合和参与式管理，并加强传播、教育、监测、研究、知识管理和提高认识，以及在这种情况下，应遵循国家法律仅在得到其自愿、事先知情同意的情况下，获取原住居民和地方社区的传统知识、创新做法和技术。

原因：由于科学爱好者人群基数大，且动员能力强，他们非常适合参加覆盖面积广、涉及时间长的大型调查活动。比如国家林草局等诸多部门实施的多轮次全国湿地资源普查、全国陆生野生动物同步调查等，都有一定数量的爱好者人群参与，并且这一人群在一些地区占据调查人员相当大的比例，堪称调查活动的"主力军"。此外，我国生物多样性领域公众科学活动因为有较强的协同性、效率高、成效显著，民间组织和公众科学人群之间，公众科学人群与政府部门、专业机构之间形成了良好而高效的合作协同，产生了非常好的活动效果，对我国生物多样性调查、研究和保护工作作出了积极的贡献和良好的补益。

除了开展日常的生物多样性观察和统计等具有科学性的活动，参加国家和地方各级政府实施的生物多样性调查保护工作，以及与大专院校和科研院所的广泛合作，很多社会组织和爱好者也是生物多样性知识普及的重要力量。他们通过各种途径开展相关活动，如各种形式的文章、视频、讲座、培训等宣传教育活动，具有科普教育性和参与体验性的自然教育活动等，机动灵活，丰富多彩，产生积极的意义和显著的作用，不仅对国家各类宣传主阵地形成有益补充和助力作用，也充分发挥了多元主体和全民参与的作用。

昆蒙框架行动目标 22：确保原住居民和地方社区在决策中有充分、公平、包容、有效和促进性别平等的代表权和参与权，有机会诉诸司法和获得生物多样性相关信息，尊重他们的文化及其对土地、资源和传统知识的权利，以及确保妇女和女童、儿童和青年、残疾人对环境人权维护者的保护及其诉诸司法的机会。

原因：两性不平等和生物多样性丧失都是当今世界面临的紧迫问题。解决两性不平等和生物多样性方面的结构性障碍至关重要，这涉及解决那些对妇女和女童不利的社会规范。这些社会规范可能会阻止妇女和女童获得、控制和拥有自然资源（包括土地），或获取与"保护和利用生物多样性"有关的利益。开展保护性工作往往会使女性处于弱势地位，使她们面临更大的基于性别的暴力和性剥削风险。采取行动解决与"保护和利用生物多样性"有关的基于性别的暴力，有助于确保女性的安全，促进两性平等，同时使女性能够充分有效地参与生物多样性工作。

昆蒙框架行动目标23：确保性别平等，确保妇女和女童有平等的机会和能力采用促进性别平等的方法为《生物多样性公约》的三个目标作贡献，包括承认妇女和女童的平等权利和机会获得土地与自然资源，以及在与生物多样性有关的行动、接触、政策和决策的所有层面充分、公平、有意义和知情地参与和发挥作用。

原因：缩小在获得土地和自然资源方面的性别差距，不仅是实现两性平等和解决生物多样性丧失问题的根本，也是实现可持续发展目标的关键。支持公平获得土地和自然资源的战略包括：联合土地所有权、确保女性平等参与用户群体以及支持非正式女性集体获得更正式的地位。

3. 哪些爱知目标和方法不再提？

爱知目标1：最迟到2020年，使人们认识生物多样性的价值并做到对生物多样性的保护和可持续利用（"昆蒙框架"有整体体现）。

爱知目标4：最迟到2020年，所有政府、企业和利益相关者都采取行动，实现或者实施可持续的生产与消费计划，确保对自然资源利用所产生的影响维持在非常安全的生态界限内。

爱知目标5：到2020年，所有自然栖息地，包括森林的丧失速度减缓50%，在可能的地区，使丧失得到完全遏制，退化与破碎化得到显著降低。

爱知目标6：到2020年，所有鱼类、无脊椎动物和水生植物都得到可持续、合法的生态系统方法的管理和利用，避免过度捕捞。对所有已接近枯竭的物种制订恢复计划并采取恢复措施，渔业不再对受威胁的物种和脆

157

弱生态系统产生负面影响，使渔业对资源、物种和生态系统的影响维持在安全的生态界限内。

爱知目标 13：到 2020 年，栽培植物、养殖与驯化动物以及这些动植物的野生亲缘种，包括其他具有社会-经济和文化价值的物种的遗传多样性得到保护，制定并实施最小化遗传侵蚀和保护遗传多样性的战略。

爱知目标 15：到 2020 年，通过保护与恢复措施，使生态系统弹性和生物多样性对碳汇的贡献得到提升，实现途径是保护与恢复，包括恢复至少 15%的退化生态系统，以提升对减缓和适应气候变化以及防治荒漠化的贡献。

爱知目标 16：到 2020 年，《名古屋议定书》生效并运行，并与国内立法保持一致。

爱知目标 17：到 2015 年，每个缔约方制定并开始实施一个有效的、参与式的和更新的国家生物多样性战略和行动计划，使之成为一种政策工具。

爱知目标 18：到 2020 年，与生物多样性保护和可持续利用有关的传统知识、创新和原住居民与地方社区的实践，以及他们对生物资源的传统利用都得到尊重，与国家立法和相关国际义务保持一致，完全纳入《生物多样性公约》的履约行动中，并在履约时充分得到反映，即原住居民和地方社区在各个层面上能充分、有效地参与（更具体化为昆蒙框架行动目标 21、22、23）。

爱知目标 19：到 2020 年，生物多样性相关的知识与科技，生物多样性的价值、功能、状况与趋势，以及生物多样性丧失的后果等得到改善或减缓，并使这些技术和方法得到广泛的分享、转移和应用。

附件2
"昆蒙框架"确立后国际生物多样性
保护发展的目标、方向和困难

中国生态文明建设与"昆蒙框架"具有共同的保护目标。坚持人与自然和谐共生是习近平新时代中国特色社会主义思想尤其是生态文明建设重要战略思想的鲜明体现,与"昆蒙框架"愿景目标高度一致。

在主席国中国的引领下,联合国《生物多样性公约》第十五次缔约方大会第二阶段会议达成了以变革理论为基础的"昆蒙框架",为全球生物多样性治理擘画了新的蓝图。"昆蒙框架"包括4个长期目标(至2050年)和23个行动目标(至2030年)。为全球生物多样性保护明确了方向和重点,具有指导性和约束力。

一 保护发展的目标

"昆蒙框架"包括4个长期目标(至2050年)和23个行动目标(至2030年)。为全球生物多样性保护明确了方向和重点,具有指导性和约束力。"昆蒙框架"延续了《2011—2020年生物多样性战略计划》的"人与自然和谐共生"的2050年愿景表述,即"到2050年,生物多样性受到重视,得到保护、恢复及合理利用,维持生态系统服务,实现一个可持续的健康的地球,所有人都能共享重要惠益"。2030年使命的阐述归纳了至2030年全球生物多样性治理工作方略,突出了至2030年"使自然走上恢复之路,造福人民和地球"这一行动结果。

(一) 2050 年全球长期目标

为实现2050年愿景与2030年使命,"昆蒙框架"分别设置了生物多样性状态（A）、可持续利用生物多样性（B）、公平公正分享惠益（C）及提供执行保障（D）等 4 个 2050 年全球长期目标，以及 23 个以行动为导向的全球目标，分为减少对生物多样性的威胁（行动目标 1~8）、通过可持续利用和惠益分享满足人类需求（行动目标 9~13）、执行工作和主流化的工具和解决方案（行动目标 14~23）3 个方面。

2030 年行动目标主要以行动为导向，即 2030 年前需要开展哪些行动。这些行动与 2050 年全球长期目标存在对应关系，行动的结果将促使 2050 年全球长期目标发生趋势变化，最终在 2050 年实现这些目标。这种设计思路主要吸取了《战略计划》全球执行进展不易评估的经验。通过在 2050 年长期目标和 2030 年行动目标之间建立逻辑关系，4 个长期目标能够较快地在全球层面反映"昆蒙框架"的执行进展。

（二） 2030 年全球行动目标

2030 年行动目标充分继承了《战略计划》中"爱知目标"的内容，其中最受关注的包括以下几方面。

第一，保护地"3030 目标"，即"确保和促使到 2030 年至少 30% 的陆地、内陆水域、沿海和海洋区域，特别是对生物多样性、生态系统功能和服务特别重要的区域，通过具有生态代表性、自然保护地系统和其他有效的基于区域的保护措施至少恢复 30%"。我国陆地保护地实现这个目标是可能的，但海洋和海岸带保护地实现这个目标的难度非常大。

第二，退化生态系统恢复的行动目标。除"3030 目标"外，退化生态系统恢复也是重要的行动目标："确保到 2030 年，至少 30% 的陆地、内陆水域、沿海和海洋生态系统退化区域得到有效恢复，以增强生物多样性和生态系统功能和服务、生态完整性和连通性。"我国实现这个目标有很好的基础，如生态保护红线的划定、山水林田湖草沙一体化保护和修复工程都与此直接相关。

第三，通过空间规划实现对高价值区域的保护。"到 2030 年之前使具有高度生物多样性重要性的区域，包括生态系统和具有高度生物多样性的区域的丧失接近于零。"这个目标既体现了生物多样性保护主流化，又与自然生境净零丧失密切相关。未来需要进一步将生物多样性保护与区域经济社会规划衔接起来。

第四，在全球、区域、国家各级采取紧急政策行动，减少和（或）扭转加剧生物多样性丧失的驱动因素，实现到 2050 年与自然和谐相处的《生物多样性公约》愿景。包括将全球粮食浪费减半，大幅减少过度消费，大幅减少废弃物产生，实现可持续消费；确保农业、水产养殖、渔业和林业区域得到可持续管理等，实现可持续生产；消除、逐步淘汰或改革激励措施，包括对生物多样性有害的补贴，同时逐步大幅减少这些激励措施，到 2030 年每年至少减少 5000 亿美元；采取法律、行政或政策措施，鼓励和推动企业，特别是确保所有大型跨国公司和金融机构逐步减少对生物多样性的不利影响，减少企业和金融机构的生物多样性风险，并增加有利于可持续生产模式的措施；到 2030 年将所有来源的污染风险和不利影响减少到对生物多样性和生态系统功能与服务无害的水平；到 2030 年，将其他已知或潜在外来入侵物种的引进和建群率至少降低 50%，消除或控制外来入侵物种；通过缓解、适应和减少灾害风险行动，最大限度地减少气候变化和海洋酸化对生物多样性的影响，实现减缓气候变化与保护生物多样性的协同增效。

第五，实施"昆蒙框架"的保障措施，其中最突出的一点是明确了资金筹措的额度，即逐步大幅增加所有来源的财务资源量，以执行国家生物多样性战略和行动计划，到 2030 年每年至少筹集 2000 亿美元，增加从发达国家和自愿承担发达国家缔约方义务的国家流向发展中国家的国际资金总量。在 COP15 第一阶段领导人峰会上，习近平主席宣布我国将出资 15 亿元人民币成立昆明生物多样性基金，这对国际社会起到了示范引领作用。

第六，强化"昆蒙框架"的执行。通过执行"国家生物多样性战略和行动计划"和相关"国家报告"（这是国家生物多样性保护总体规划和《生物多样性公约》履约核心工具，如中国生态环境部 2024 年 1 月发布的《中国生物多样性保护战略与行动计划（2023—2030 年）》，2019 年出版的《中国履行〈生物多样性公约〉第六次国家报告》以及中国国务院新闻办公室 2021 年 10 月发表的《中国的生物多样性保护》白皮书等）等增强透明度和问责机制。强调了生物多样性公约的压力传导与问责机制，突出生物多样性在生态保护、可持续利用与惠益共享方面的积极作用，推动生物多样性在全球范围内融入经济社会发展各个方面。

二　保护发展的方向

从全球范围来看，2010 年设置的 20 项"爱知目标"仅有少数目标部分实现或取得积极进展，而没有一个目标完全实现，这与目标设置不够量化、缺乏具体引导性规范不无关系，更深层次的原因则是爱知目标本身以逆转生物多样性丧失为主要目标，20 个行动目标中有 12 个强调保护。侧重于保护的"爱知目标"忽视了生物多样性保护与经济社会发展的内在联系。单纯强调生物多样性本身的保护与利用实际是与社会发展脱节的，这也是"爱知目标"没有获得社会广泛重视，造成所有目标均未完成的根本原因。生物多样性是人类社会生存和可持续发展的物质基础，但生物多样性治理的政治优先度较低，往往要让位于经济和其他社会政策。

（一）加速生物多样性主流化进程

"昆蒙框架"第一次将生物多样性主流化作为主要建设目标；2050 年全球行动目标将"执行工作和主流化的工具和解决方案"作为一个重要方面，设置了 10 个行动目标（行动目标 14~23），涵盖了将生物多样性纳入政府决策、促进可持续生产、推动可持续消费、提升生物安全措施能力、改革激励措施、创新投融资机制、推动科技创新和能力建设、促进公众参与、尊重少数民族和地方社区意愿以及确保性别平等相关内容。

生物多样性主流化是指将生物多样性纳入国家或地方政府的政治、

经济、社会、军事、文化及环境保护等经济社会发展建设主流的过程，也包括纳入企业、社区和公众生产与生活的过程。主流化可以确保各行各业及各类群体始终将生物多样性放在主要地位并付诸实践。试图解决的问题本质依然是保护与发展的矛盾，避免先破坏后保护，使生物多样性保护与经济发展得以同频共振，其核心在于政府发挥主导作用将生物多样性纳入国家治理体系，构建全社会共同参与的生物多样性保护行动框架，推动将生物多样性保护落实到各行各业生产和公众生活的实践中。

生物多样性的保护、可持续利用和惠益分享涉及多个行业，与公众的消费习惯密切相关，仅靠政府的努力不足以扭转生物多样性丧失趋势。"昆蒙框架"将全政府、全社会参与作为生物多样性治理转型变革的重要路径，对各级政府、企业和金融机构、社会公民等提出了具体的目标指导。生物多样性主流化进程跳出了传统意义上因"为了自然而保护自然"所造成的生物多样性保护议题被边缘化的困境，而是重新审视人类与自然的关系，从"以人为本"的视角出发，更加强调了生态系统能够为人类社会提供的各种服务及价值，将保护生物多样性本身作为一种应对目前人类社会面临主要挑战的解决方案。

（二）建立空间保护体系及 OECMs

"昆蒙框架"确立了"3030 目标"，即"确保和促使到 2030 年至少30%的陆地、内陆水域、沿海和海洋区域，特别是对生物多样性、生态系统功能和服务特别重要的区域，通过具有生态代表性、保护区系统和其他有效的基于区域的保护措施至少恢复 30%"。在实现路径方面，除严格意义的保护地体系之外，还强调了其他有效的基于区域的保护措施（OECMs）以及传统领地等存在养护和可持续利用并举的区域，认可了土著居民和地方社区（IPLCs）对其所有的传统领地的各项权利，以及 IPLCs 在管理传统领地时对生物多样性保护和可持续利用的贡献，这与《战略计划》相比是一个重要的提升。同时"昆蒙框架"将空间规划作为新的行动工具。从景观尺度开展空间规划，统筹城市、农村和受保护空间，能够更加有效地减少生产生活对自然的影响。同时这也是生物多样性主流化的手段之一。

（三）建立工作保障和问责机制

"昆蒙框架"在资金、技术和能力等方面做出了具体安排。多种来源的资金为扩大"昆蒙框架"执行的资金规模提供了更多选项，缔约方可通过多种渠道申请资金，着手开展国家生物多样性战略和行动计划更新修订等国内工作，同时通过与区域（次区域）科学和技术支持中心网络建立合作，提升缔约方监测、评估和报告国家生物多样性战略和行动计划的执行能力。然而，多种资金来源会进一步稀释官方发展援助在《生物多样性公约》履约中的主渠道地位，这种改变能否为"昆蒙框架"带来充足、及时和可预测的资金支持还有待后续评估。

《生物多样性公约》框架下已初步建立起一套涉及多个维度的审查机制，但面临着参与审查并强化问责的政治意愿不足、国家信息投入有待加强、审查结论缺乏对强化执行的支撑，《生物多样性公约》执行、各类审查工具需加强统筹协调等主要问题，由此也制约了审查工作的完善性和有效性。"昆蒙框架"汲取了"爱知目标"在执行方面的经验和教训，强化了框架的规划、监测、报告和审查办法。各国需要根据各自能力、国情和执行保障条件，更新修订国家生物多样性战略和行动计划，保证国家目标与"昆蒙框架"对标对表，提高国家行动与全球目标的一致性。在执行过程中，各国根据监测框架所确定的监测指标进行监测和评估，有利于聚焦核心努力方向，提高执行效率。

三 保护发展的困难

（一）主流化程度不高，缺乏自觉性和主动性

主流化议题是生物多样性谈判的重点领域，但是各方对于生物多样性主流化持多元立场。部分地区和部分对生物多样性在生产部门的主流化会

引发对经济增长的担忧的行业不会真心或实质性支持生物多样性主流化，即缔约方的关键产业和支柱产业可能会拒绝配合实现生物多样性主流化。环境治理的复杂性决定了多元行为体参与的重要性，经济动力缺乏、保护意识不足、压力问责机制不健全等多种因素明显阻碍了社会各界广泛参与生物多样性主流化过程。一是国家支柱产业不同，部分国家可能因为关键产业和支柱产业而拒绝配合实现生物多样性主流化。二是即便高层级政府重视了，更多关注眼前经济利益的低层级政府以及政府各部门也因为利益结构不同难以形成真正的重视。但政府因为驱动公众的手段和力量有限，也不易调动公众参与的积极性，企业则在没有眼前利益且既有社会责任框架以及 ESG 中对生物多样性缺乏重视的情况下，不会主动参与到主流化工作中。

（二）科学研究不充分，制约公众认知水平提升

相较于其他环境治理议题，对生物多样性的科学研究还需进一步加强。《全球生物多样性展望》指出，导致生态系统恶化的驱动因素仍然需要进一步研究。在生物多样性领域，政府间科学政策平台起步较晚，科学研究空间还比较大，需要探索的地方很多，特别是具体问题的界限和量化标准的设定等。

科学研究的不充分在很大程度上制约了公众认知水平提升，科学信息的复杂性会降低知识传播的有效性，同时会使受众产生困惑。相较于其他全球环境议题，公众对生物多样性的认知程度依旧较低。

（三）配套机制不健全，生物多样性保护资金不足

在一定程度上，生物多样性是一种具有非竞争性和非排他性，且没有明确界定财产权的国际公共产品。生物多样性保护在很大程度上依赖政府支持，但全球生物多样性热点地区大多位于财政能力极为有限的发展中国家，特别是这些国家中的贫困区域。

《生物多样性公约》自 1992 年被通过以来，主要依赖全球环境基金

（GEF）提供资金支持，已为全球生物多样性保护和可持续利用投资了超过52亿美元，并撬动了134亿美元的额外资金，支持了158个国家的1500个项目，其中缔约方履约的能力建设需求也是GEF各增资期生物多样性领域的热点问题，但GEF资金来源有限，主要来自缔约国政府捐资，且只有30%左右用于生物多样性领域，仍存在巨大缺口。有些资金不能及时到位或根本得不到保障，从而限制了计划活动的实施。

附件3
海南生物多样性保护的改革基础

海南过去四十年在生物多样性保护工作上有巨大进展，以生态文明体制建设为基础的改革起到了基础性的作用：从国有林场和农场改革到森林公安改革，都有特色，都加强了保护，在一些方面体现了主流化。

一 海南省生态文明体制建设基础

生态文明建设是海南生物多样性建设的基础和依托。海南建省办经济特区以来，其生态文明体制的建设基础和发展历程可以用五个关键词来概括：一是建设"生态省"，1999 年 3 月，国家环境保护总局正式批准海南为我国第一个生态示范省；二是创建"全国生态文明建设示范区"，2009 年底，海南国际旅游岛建设上升为国家战略，创建"全国生态文明建设示范区"被列为推动旅游岛建设六大战略目标之一；三是"谱写美丽中国海南篇章"，2013 年，习近平总书记视察海南时强调青山绿水、碧海蓝天是海南建设国际旅游岛的最大本钱；四是建设"美好新海南"，提出要通过不懈努力实现全省人民的幸福家园、中华民族的四季花园、中外游客的度假天堂"三大愿景"；五是建设"国家生态文明试验区"，在 2018 年习近平总书记"4·13"重要讲话发表后，党中央牵头研究制定了《中共中央 国务院关于支持海南全面深化改革开放的指导意见》，赋予海南经济特区改革开放新的重大责任和使命，也为海南深化改革开放注入了动力。

根据海南省生态文明制度建设的进程，可以分为 1998~2015 年和 2015 年至今两个阶段，即以 2015 年 9 月，中共中央、国务院印发《生态文明体制改革总体方案》为节点，海南省生态文明建设重点由法规制定为主转变为以成龙配套的体制机制建设为主。

（一）1998~2015 年的海南生态文明制度建设

在《生态文明体制改革总体方案》出台之前，海南省生态文明建设的特点主要是出台系列的法规，在生态环境保护、人居环境建设、生态产业发展和生态文化培育等方面着力。

1999 年初，海南通过了《关于建设生态省的决定》，随后通过立法颁布了《海南生态省建设规划纲要》，把保护开发"绿色之岛"法定为特区一以贯之的百年大计。2005 年，为全面贯彻科学发展观，海南通过了《海南生态省建设规划纲要（2005 年修编）》。在推进各项建设的同时，海南省依据国家相关法律法规，先后制定了多项关于生态环境保护的地方性法规，如《海南省林地管理条例》《海南经济特区水条例》《海南省自然保护区条例》《海南省环境保护条例》《海南经济特区农药管理若干规定》《海南省南渡江生态环境保护规定》《海南省生态文明乡镇创建管理办法》等。2014 年，经中共中央、国务院批准，海南省政府设立生态环境保护厅。生态环境保护厅设立以来，先后出台了《海南省河道采砂管理规定》《海南省机动车排气污染防治规定》《海南省珊瑚礁和砗磲保护规定》，并修订了《海南经济特区海岸带保护与开发管理规定》等。这些生态环境保护制度，从根本上为海南生态省建设提供了坚实保障。

在自然环境修复方面，截至 2015 年底，全省森林覆盖率从建省时的不到40%提高到约62%；在经济发展方式方面，海南将全岛划分为琼北综合经济区、琼南旅游经济圈、西部工业走廊、东部沿海经济带、中部生态经济区五个功能经济区，工业相对集中在西部工业走廊，并且引进技术含量高、环境治理能力强、对环境污染小的企业和项目。此外，海南还将建设"文明生态村"作为载体，从整治农村环境着手，改善农村生活环境，帮助农民提升整体素质，促进农村经济发展、增加农民收入。海南仍然存在着执法不严等因素导致的生态环境保护压力日益加大和资源利用率低、粗放型经济增长方式还没有得到根本转变的问题。究其原因，是发展模式的根本转变，需要成龙配套的生态文明制度建设做保障。

（二）2015 年至今的海南生态文明制度建设

2015 年 9 月《生态文明体制改革总体方案》出台后，习近平总书记在 2016 年 11 月《关于做好生态文明建设工作的批示》中明确要求："要深化生态文明体制改革，尽快把生态文明制度的'四梁八柱'建立起来，把生态文明建设纳入制度化、法治化轨道。"习近平总书记在 2018 年 5 月的全国生态环境保护大会上进一步指出："保护生态环境必须依靠制度、依靠法治。只有实行最严格的制度、最严密的法治，才能为生态文明建设提供可靠的保障。"海南省结合自身发展阶段，对标《生态文明体制改革总体方案》、总书记的指示和国家级生态文明试验区的要求，探索生态文明体制"四梁八柱"的建设（见附表 3-1）。

《中共中央　国务院关于支持海南全面深化改革开放的指导意见》也明确提出"研究设立热带雨林等国家公园"。海南省委、省政府认真贯彻落实党中央、国务院的决策部署，将规划建设雨林公园作为海南自贸港建设的 12 个先导性项目之一，将雨林公园作为国家生态文明试验区（海南）的六大标志性工程之一，说明了雨林公园和国家生态文明试验区（海南）休戚与共的关系。显然，雨林公园的改革事关海南经济社会发展改革的全局，这与其他多数国家公园体制试点区仅为生态文明体制改革重要内容形成了对比。

二　森林公安改革的经验和教训

海南率先在全国实行省级以下森林公安垂直管理，通过实施执法体制、行政体制、保障机制等一系列创新改革，破解了森林公安的执法权限不明、警力整合困难等问题。2015 年，海南省森林公安局"改革省级以下森林公安垂直管理体制"事例被中国法学会等部门评为全国"生态环境法治保障制度创新提名事例"，成为全国林业改革、全国森林公安系统改革的示范。

一是省级以下森林公安实现垂直管理并被赋予独立刑事执法权。2014 年，

附表 3-1　海南省生态文明建设进展

生态文明体制八项基础制度		海南省工作推进情况
健全自然资源资产产权制度	编制自然资源资产负债表	2017 年 10 月，海南省政府办公厅印发《海南省编制自然资源资产负债表试点实施方案》的通知，通过编制自然资源资产负债表，推动建立规范的自然资源统计调查制度，努力摸清自然资源资产的家底及其变动情况
	划定并严守生态红线	海南生态红线的最初划定是从生态省建设开始的，后经过主体功能规划、海南国际旅游岛建设规划、海南省总体规划等，已经逐步构建起生态功能保障基线、环境质量安全底线、自然资源利用上线三大红线。2016 年 7 月，海南省人大常委会通过《海南省生态保护红线管理规定》。2016 年 9 月，海南省政府办公厅印发《海南省陆域生态保护红线区开发建设项目目录》管理。
建立国土空间开发保护制度	完善主体功能区制度	海南基于山形水系框架，以中部山区为核心，以重要潮库及河流为廊道，以生态岸段和海域为支撑，构建全域生态保护体系，总体形成"生态绿心+生态廊道+生态岸段+生态海域"的生态空间结构。2016 年 6 月，海南省发改委印发《海南岛中部山区热带雨林国家重点生态功能区 4 市县产业准入负面清单》
	建立国家公园体制	《海南热带雨林国家公园体制试点方案》（2023—2030 年）已于 2023 年 8 月在海南省第二届国家公园论坛正式发布，2018 年 10 月已报中央；《海南热带雨林国家公园总体规划》在海南省人大常委会通过，2018 年 8 月在第二届国家公园论坛正式发布
建立空间规划体系	编制统一的空间规划（"多规合一"）	海南多年来形成了全省按照一个城市来规划建设的发展思路。2015 年 6 月，中央全面深化改革领导小组会议同意海南积极开展省域"多规合一"改革试点。随后，海南积极开展省域"多规合一"改革，城乡规划、土地利用规划等，通过编制《海南省总体规划（2015—2030）》，在细化国家主体功能区规划过程中落实推进"多规合一"全省"一盘棋"理念，形成了引领全省建设发展的一张蓝图，建立了各省统一的空间规划体系，宣布实施海南省总体规划的有机衔接，最大限度地守住了生态红线。2018 年 4 月，《关于实施海南省总体规划的决定》正式实施。2018 年 7 月，海南省委办公厅、省政府办公厅印发《海南省总体规划审查办法》

续表

生态文明体制八项基础制度		海南省工作推进情况
完善资源总量管理和全面节约制度	资源总量管理	2018年，海南省政府通过了《关于进一步加强土地宏观调控提升土地效益的意见》，推进土地节约集约利用，从严控制建设用地供给，最大限度提高土地利用效益，以土地利用方式转变促进节地增效、转型升级、创新发展
健全资源有偿使用和生态补偿制度	森林生态补偿制度	加大生态补偿投入，推进生态补偿长效机制的建立，海南省印发《海南省省级森林生态效益补偿方案》、《海南省森林生态效益补偿基金管理办法》和《海南省生态转移支付暂行办法》，按照事权划分建立分建立森林生态效益补偿基金，用于公益林营造、抚育、保育和管理
建立健全环境治理体系	环境执法	加大环境执法监察力度，加强环境执法监察能力建设，构建水、大气、生态环境质量立体监测网络，从"软约束"转向"硬约束"，推动"督政""督企"并重，率先成立旅游与环境资源警察总队，探索推行"公安+环保"环境行政执法和刑事司法联动执法新模式，建设全省统一的环境监察移动执法系统平台等
	健全环境信息公开制度	2014年11月，海南省政府办公厅印发《海南省环境空气质量信息发布办法》
	推行排污权交易制度	2017年，海南省政府办公厅印发了《海南省主要污染物排污权有偿使用和交易管理办法》，在现有的排污制度上进行"更新升级"，以通过价格导向来提高环境资源的有效配置
健全环境治理和生态保护市场体系	建立绿色金融体系	2018年3月，海南省政府办公厅印发《海南省绿色金融改革发展实施方案》，深化金融改革三大任务，以绿色金融支持海南十二个重点产业发展为主线，提出将围绕服务实体经济、防控金融风险，初步建立海南绿色金融发展评估机制，争取绿色债券实现零的突破模式。
	建立统一的绿色产品体系	2017年12月，海南省政府办公厅印发《海南省建立绿色产品标准、认证、标识体系实施方案》

续表

生态文明体制 八项基础制度		海南省工作推进情况
完善生态文明 绩效评价考核 和责任追究 制度	生态文明绩 效评价考核	2017 年，海南省委、省政府印发的新的市县发展综合考核评价办法，取消部分市县 GDP、工业、固定资产投资的考核，把生态环境保护同时立为负面扣分和一票否决事项
	责任追究制度	2016 年 5 月，海南省制定出台《海南省党政领导干部生态环境损害责任追究实施细则（试行）》，建立生态环境损害责任追究制度

海南在全国率先实行省级以下森林公安垂直管理。全省 18 个市县森林公安局及其内设派出所整体移交省森林公安局垂直管理，森林公安部门被赋予了独立刑事执法权，结束了海南森林公安无独立办案权的历史。垂直管理后，海南森林公安实现了由"不敢办案"向"敢办案、办成案"，由"管不到管不透管得泛"到"管得住管得细管得深"的转变。具体而言，2014 年 3 月 26 日，海南省高级人民法院、省检察院、省公安厅和省林业厅联合印发了《关于办理森林刑事、治安和林业行政案件有关规定的通知》，明确了各级森林公安机关执法关系和办案权限。4 月 4 日，海南省编委印发了《关于市县森林公安管理体制改革有关机构编制调整的通知》，收回 18 个市县森林公安局及其派出所人员编制，明确其管理由属地管理调整为省级以下垂直管理。5 月 19 日，海南省编办印发了《关于全省森林公安系统机构编制调整的通知》，明确了垂直管理后全省森林公安机构设置"三定"方案。5 月 20 日，海南省政府印发了《省级以下森林公安管理体制改革实施方案》，为完成整个森林公安体制改革提供了坚强保障。同时，海南省财政厅加快市县森林公安经费保障的测算，落实了垂直管理后经费保障问题。主动配合海南省人社厅和市县党委、政府妥善做好分流安置工作。在各市县大力支持下，于当年 5 月底圆满完成 18 个市县森林公安局移交海南省森林公安局统一管理及协议签订工作，提前 1 个月完成了改革任务。此外，海南省公安厅和海南省林业厅联合印发《关于加强地方公安机关和森林公安机关执法协作工作试行方案》。自当年 6 月起至年底，在全省范围内试行开展加强地方公安机关和森林公安机关执法协作专项工作。双方将在共同参与、相互支持，资源共享、优势互补，协同联动、注重实效的原则下，对接处警和案件移交、信息化建设和信息共享、执法办案和技侦支持、重大行动支援、网络舆情监测合作、警务督察和交流培训等领域展开协作，建立联席会议制度，并进一步完善执法协作长效工作机制。

二是成立森林公安局技术鉴定中心和森林资源司法鉴定中心，提高执法司法效率。为健全和提高执法能力，海南成立了森林公安局技术鉴定中心和森林资源司法鉴定中心，海南森林公安系统成为全国唯一一个同时拥有公安和司法系列鉴定机构的森林公安系统，有效解决了第三方鉴定周期长、费用高或无鉴定资质等难题，大幅减少了办案时间和成本。

三是加强经费保障。每年增加的经费支持加大了对海南森林公安工作的保障力度。省局及直属单位年度业务经费预算由 2014 年的 1130 万元增加到 2018 年的 6336.8 万元，建立每年 300 万元的协警经费保障渠道，以及中央补助资金省级财政配套 30% 的保障机制。整体经费的提升，促进了基础设施、信息化建设实现新跨越。垂直管理以来，海南全省 25 个森林公安局中已建业务技术用房 10 个，63 个林区派出所中已建业务技术用房 34 个。海南森林公安信息化建设全面提速。完成了全省林区治安卡口系统项目、全省森林公安高清视频会议系统、警务信息综合应用平台、涉林舆情监测平台等一批信息化项目建设，为加强森林资源管控，为精确打击涉林犯罪提供了有力科技支撑。

海南省级以下森林公安垂直管理模式，保障了海南省森林及野生动植物资源和生态安全，并维护了林区社会治安秩序。但是，在 2018 年的行业公安体制改革后，这种模式被打破，按照"警是警、政是政、企是企"的要求，森林公安队伍转隶公安系统，海南省森林公安局划转由省公安厅直接领导管理，后续产生了一些问题，使已经成形的执法机制出现了结构性问题、一线执法力量被削弱，这反映了改革还要深化。

三　国有林场改革经验

海南国有林场生态转型早已起步。早在 1994 年，霸王岭已经率先停伐天然林，1999 年开始生态示范省建设，2000 年霸王岭等国有林场被划定为国家天然林资源保护工程区，林场全面禁伐，实行全面封山育林，林场的经营目标也由商品型林场向生态型林场转变，经营管理方式由以木材生产为主向以生态建设为主转变。许多林场开始承担起生态修复工作。2014 年岛西林场承担东方市四更镇黑树港 1000 亩红树林改造任务和东方市黑脸琵鹭省级自然保护区内红树林修复工程，到 2014 年 12 月已完成黑脸琵鹭自然保护区种植 960 亩红树林。做好森林培育和产业发展的同时，通过林木经营和苗圃经营解决剩余劳动力问题。西林场马玲分场建立兰花种植育苗基地，通过兰花养殖和销售不仅解决场区 10 余名剩余劳动力就业问题，更增加了职工收入，同时也带动了周边农民种植积极性。

为深入执行贯彻《国有林场改革方案》和《国有林区改革指导意见》，推进国有林场深入改革，《海南省国有林场改革实施方案》于 2016 年 1 月分别经六届海南省政府第 53 次常务会议和省委六届第 95 次常务会议审议通过。根据《海南省国有林场改革实施方案》，海南省国有林场改革主要涉及两方面的内容。一是转换体制机制。转换经营机制，推进事企分开，实行"收支两条线"管理。转换管护机制，公益林日常管护引入市场机制，面向社会购买服务。转换监管机制，省属林场由省林业厅直接管理，市县属林场由市县管理。建立和健全包括森林资源产权制度在内的 12 项改革制度。二是实行林场"四定"。通过对全省国有林场实行定性、定编、定岗、定保，确保建立起职能定位明确、管理科学规范、政策保障有力的国有林场发展机制，从而实现生态得保护、林场得发展、职工生活得保障。经此次改革海南省科学整合了原有的 36 个国有林场，将全省林场总数从 36 个缩减为 32 个，省属林场 13 个，市县属林场 19 个。尖峰岭、霸王岭、吊罗山、黎母山、猕猴岭等 5 个自然保护区管理局（站）与所在的林业局（林业公司、林场）合并，实行两块牌子一套人马的管理体制。改革后，列入财政拨款的事业单位林场个数从改革前的 1 个增加到 28 个，事业单位比例从 2.8% 提高到 87.5%。其中，省属林场比例达到 100%。所有改革林场以两种模式积极推进事企分开，一是组建经营实体，省属林场全部成立森林发展有限公司，如霸王岭林业局下辖海南省霸王岭森林发展有限公司，实行职能分开、财务分开、资产分开、债务分开；二是不组建经营实体，由林场直接经营商品林采伐、林业特色产业和森林旅游等暂不能分开的经营活动，实行严格的"收支两条线"管理。林场改革按照中央"不采取强制性买断方式，不搞一次性下岗分流"要求，把现有林场在册职工成建制转入经营实体就业。全部职工按照规定全员纳入城镇职工社会保险范畴，符合低保条件的林场职工及其家属纳入当地城镇居民最低生活保障范围。

这些改革，使得既往海南的生物多样性保护工作取得了不少的成绩。但从海南生态文明建设的使命和人民群众对海南生态的期待来看，既往的改革仍然不能满足统筹保护和绿色发展的需要，雨林公园整体性的体制改革就是在这种情况下应运而生的。

附件4
旗舰物种海南长臂猿保护的经验与成效

回顾过去三十多年（国家公园体制试点开始前）海南以长臂猿保护为代表的生物多样性工作的成就可以发现，既往工作为海南生态文明建设和国家公园体制试点打下了基础，而近十年来海南长臂猿作为热带雨林生态系统和人地关系的指示物种的保护状况可以大体反映海南生态文明和国家公园的建设状况。

一　海南长臂猿的保护成就

海南长臂猿是海南热带雨林的旗舰物种，也是标志性物种，中国特有种，其适生环境为海拔 500~600 米的热带雨林。由于人为干预太多，热带雨林面积减少和碎片化等原因，海南长臂猿的生存环境被严重破坏。20 世纪 70 年代海南长臂猿仅在霸王岭有分布，且被迫生活在海拔 800~1100 米热带雨林（非最佳栖息地），甚至人工林中也有活动踪迹。长臂猿种群数量最少时（1980 年）仅有约 7 只。

海南长臂猿的保护可以追溯到 20 世纪 60 年代，早在 1962 年，国务院和林业部分别行文，严禁猎捕长臂猿。1980 年成立霸王岭黑长臂猿省级自然保护区，于 1988 年晋升为海南霸王岭国家级自然保护区，强化了保护职责，逐步减少直至停止该区域森林采伐。通过海南长臂猿栖息地生态修复改造、加强监测与巡护、加强社区共管（保护区与周边社区签订社区共管协议），官方最新公布的种群数量为 7 群 42 只①。在全球 20 种长臂猿中，大多数种群数量呈下降趋势，只有海南长臂猿、西黑冠长臂猿、东黑冠长

---

① 这是截至 2023 年底的数据，已经实现《海南热带雨林国家公园总体规划（2023—2030年）》中 2025 年海南长臂猿种群数量的恢复目标。

臂猿等的种群数量保持稳定并缓慢增长。但由于基础种群小、繁殖率低，其仍然处于极度濒危状态，濒危程度远远高于国宝大熊猫、朱鹮等物种，被我国列为国家一级保护物种，世界自然保护联盟（IUCN）红皮书列为"全球最濒危灵长类动物"。

二 海南热带雨林生态系统保护和海南长臂猿指示作用

尽管中国国家公园的根本目的是保护完整的生态系统，但目前的国家公园体制试点区大概可以分为两种类型：①直接以旗舰物种为主要保护对象，如大熊猫国家公园；②国家公园以重要生态系统为保护对象，如雨林公园，而这类国家公园中有些旗舰物种（海南长臂猿）也是指示这个生态系统质量和健康的指示物种。通过对这些指示物种的监测和保护，可以抓住复杂的生态系统的保护重点，更容易形成高效的保护措施。国家公园体制试点区对生态系统的完整保护大多是通过针对旗舰物种的保护措施落地的，这是我国10个国家公园体制试点区的共性特点（见附表4-1）。

科学角度而言，保护生态系统常常也意味着保护珍稀动物（反过来却是百分之百肯定，不是"常常"），因为生态系统的代表性往往是通过该区域生物多样性的丰度和物种的珍稀程度来体现的，一些物种其适宜的栖息地基本就能代表某种生态系统。而且，很多时候不易看出生态系统保护有哪些具体需求，也不易看出生态系统保护的效果，通过这种对生态系统重要的物种的相关情况，易于回答这些问题。可以东北虎、大熊猫、海南长臂猿为例来说明物种与生态系统的关系。①东北虎豹国家公园中东北虎不仅是旗舰物种，也是亚洲温带针阔叶混交林生态系统的指示物种。健康的东北虎种群的存在，就意味着最高质量的亚洲温带针阔叶混交林生态系统的存在。②大熊猫这个最典型的旗舰物种，其栖息地要求与这类生态系统的典型特征存在一定差异且其难以通过食物链建立与其他动物的强关联，其对人类干扰的适应性也与这个生态系统中的大多数动物存在明显差

附表4-1　中国国家公园体制试点区基础资料和旗舰物种统计（2020年）

试点区	所在省	面积	位置	资源特点和功能定位	代表生态系统	旗舰物种
三江源	青海	12.31万平方公里	位于中国的西部，青藏高原的腹地，青海省南部，包括长江源、黄河源、澜沧江源3个园区，面积分别为9.03万平方公里、1.91万平方公里和1.37万平方公里	中华水塔，长江、黄河、澜沧江等大江大河的发源地，国家重要的生态安全屏障	青藏高原生态系统	雪豹、黑颈鹤
东北虎豹	吉林、黑龙江	1.46万平方公里	吉林省和黑龙江省。其中，吉林省片区占71%，黑龙江省片区占29%	东北虎和东北豹是中温带、寒温带森林生态系统的旗舰物种，其栖息地保护要求跨省、跨国	亚洲温带针阔叶混交林生态系统	东北虎、东北豹
大熊猫	四川、陕西、甘肃	27134平方公里	由四川省岷山片区、四川省邛崃山-大相岭片区、陕西省秦岭片区、甘肃省白水江片区组成。其中，四川园区占地20177平方公里，陕西园区面积2571平方公里，甘肃园区面积4386平方公里	大熊猫是中国国家形象代表物种，其栖息地是生物多样性保护示范区域	亚热带常绿落叶林、常绿落叶阔叶林混交林、温性针叶林、寒温性针叶林、灌丛和草甸等生态系统	大熊猫、羚牛
祁连山	甘肃、青海	5.02万平方公里	地处青藏、蒙新、黄土三大高原交汇地带的祁连山北麓	我国西部重要生态安全屏障，是黄河流域和黑河流域的重要水源产流地	森林、草原、冰川、荒漠等生态系统	雪豹
海南热带雨林	海南	4400平方公里	位于海南岛中部山区，西至尖峰岭国家森林公园，东起吊罗山国家级自然保护区，南自保亭县毛感乡，北至黎母山省级自然保护区	我国最大的连片热带季雨林，海南岛三条大河水源地和热带物种主要栖息地	热带雨林生态系统	海南长臂猿

续表

试点区	所在省	面积	位置	资源特点和功能定位	代表生态系统	旗舰物种
武夷山	福建	1001.41平方公里	位于福建省北部，与江西省交界处	南方集体林比重较大区域的生物多样性高地和中亚热带常绿阔叶林生态系统代表	常绿阔叶林、针阔叶混交林、温性针叶林、中山苔藓矮曲林、中山草甸等生态系统	黄腹角雉
神农架	湖北	—	位于湖北省西北部	中部地区的亚热带常绿阔叶林生态系统代表	亚热带森林生态系统	川金丝猴
南山	湖南	635.94平方公里	主要由湖南南山国家级风景名胜区、湖南金童山国家级自然保护区、湖南白云湖国家湿地公园、湖南两江峡谷国家森林公园四个国家级保护地和部分具有保护价值的区域（十里平坦、十万古田、沙角洞等）整合而成	中部集体林比重较大的少数民族地区	高山草原等	红嘴相思鸟、资源冷杉
钱江源－百山祖	浙江	252+505平方公里	钱江源在开化县苏庄、长虹、何田、齐溪源4个乡镇，包括19个行政村72个自然村；百山祖在丽水市龙泉、庆元、景宁县3县（市）交界地区	东部人口密集、集体林地比重较大的地区	中亚热带常绿阔叶林、常绿落叶阔叶混交林、针阔叶混交林、针叶林、亚高山湿地生态系统	白颈长尾雉、黑麂、百山祖冷杉

续表

试点区	所在省	面积	位置	资源特点和功能定位	代表生态系统	旗舰物种
普达措	云南	602 平方公里	位于滇西北"三江并流"世界自然遗产中心地带，由国际重要湿地碧塔海自然保护区和"三江并流"世界自然遗产哈巴片区之属都湖景区两部分构成，以碧塔海、属都湖和弥里塘亚高山牧场为主要组成部分	云南是我国生物多样性最丰富的省，普达措不仅生物多样性丰富，且"山水林田湖草"生态系统较完整	森林草甸、湿地生态系统	中甸叶须鱼、长苞冷杉

资料来源：各国家公园体制试点区管理机构的官网。

异①，难以指示亚热带常绿阔叶林生态系统质量。③热带雨林生态系统较复杂，也难以确定其生态功能和过程的完整性。而海南长臂猿不仅是雨林公园的旗舰物种，也是热带雨林生态系统的指示物种，其仅能生存在食源丰富的热带雨林之中，食源又仅为 112 种乡土物种（大部分为大乔木）的果实，其生物学或生态学特性（如出现与缺失、种群密度、传布和繁殖成功率）可表征热带雨林生态系统状况②。尤其是在海南热带雨林生态链顶级物种——云豹——已经在海南超过 20 年没有发现记录的背景下，作为旗舰物种也是指示物种的海南长臂猿的生存状况直接反映了热带雨林生态系统的健康状况，是热带雨林生态系统原真性和完整性的关键体现，也是目前最有效的方式。

海南长臂猿的生境和食源需求均能体现对于热带雨林生态系统的指示作用。从适宜生境而言，海南长臂猿仅适应栖息在原始的热带沟谷雨林和山地雨林的高树（大乔木和粗大的木质藤本，攀爬缠绕直上树梢，为长臂猿攀爬活动提供必要的廊道）。并且，健康的热带雨林生态系统拥有极其丰富的植被层次，通常有 5~6 个层次，附生、寄生植物也很丰富，可组成错落多姿的层间层和特殊的小气候，这正是长臂猿休养生息的必要条件③。从食源要求而言，也可以看出海南长臂猿健康的种群对热带雨林生态系统、植物群落物种、基因的多样性、植物生活史完整性、植物群落健康程度有很强的指示功能。海南长臂猿对热带雨林植物群落物种多样性有很高的要求，需要成长多年的粗大乔木和藤本熟果、嫩叶、嫩芽才能提供可供其生存的全年食源。刘赟对海南长臂猿可利用食物资源的分析表明，肉厚多汁的乔木熟果和藤本熟果是海南长臂猿的主要食源，其取食比例占所有食源的84.44%，共计 114 种，主要为毛荔枝（Nephelium Topengii）、岭南酸枣（Spondias Lakonensis）、橄榄（Canarium Album）、白肉榕（Ficus Vasculosa）、

---

① Xu, W. H., et al., "Reassessing the Conservation Status of the Giant Panda Using Remote Sensing", *Nature Ecology & Evolution*（2017）.

② 方如康主编《环境学词典》，科学出版社，2003，第 104 页。严格意义而言，大中型食肉动物更有资格成为生态系统的指示物种和伞护物种。但海南热带雨林生态系统的顶级物种云豹已基本可以确定灭绝，海南长臂猿在这种情况下生态地位凸显。

③ 刘振河、覃朝锋：《海南长臂猿栖息地结构分析》，《兽类学报》1990 年第 3 期，第 163~169 页。

白颜（Gironniera Subaequalis）、破布叶（Microcos Paniculata）等乔木成熟的果实①。可见海南长臂猿的生存需要上百种的熟果、嫩叶，这些热带雨林植物群落物种直接影响海南长臂猿种群健康，反过来海南长臂猿生存状况也直接反映了热带雨林生态系统的质量和健康状况。因此，以海南长臂猿的保护需求为依据，通过在更大景观尺度上开展的保护措施②，将明显增强区域内生态系统对外部干扰的抵抗力，从而惠及海南长臂猿及其同域分布的更多的野生动植物物种。

显然，科学角度而言，做好海南长臂猿保护工作，就能提纲挈领地做好雨林公园工作，进而成为海南生态文明建设的重要抓手。海南热带雨林受破坏较严重，历史上的不当开发③和盗猎行为，使得整个海南岛的热带雨林原生林大部分消失，这对完全依靠树栖生活的海南长臂猿来说就是家破猿亡。海南长臂猿依然面临着种群小、近亲繁殖造成的繁殖率低等问题，迫切需要开展科学研究，实施生态修复、建设生态廊道等保护工作。研究海南长臂猿的生态学规律，就成为保护工作的基础和抓手。而目前海南长臂猿面临的威胁也主要来自既往不合理的开发活动，所以也必须开展社区发展与管理的研究，建立利益协调机制，缓解人-长臂猿在资源利用上的冲突。

但过去以保护区形式的保护，从长臂猿保护而言，保护区范围不全面、体制不到位，无法实现统一高效规范的保护。因此，从范围、保护理念、体制突破传统自然保护区模式，建立雨林公园，从范围上根据热带雨林生态系统完整性，建立更完整的保护范围，开展以保护对象需求科学研究为基础的适应管理；在体制上形成统一的"权、钱"保障机制，是拯救濒危物种长臂猿的迫切需要，是保护热带雨林生态系统原真性和完整性的有效

---

① 刘赟：《海南长臂猿（Nomascus hainanus）可利用食物资源研究》，硕士学位论文，贵州师范大学，2015。

② 比如扩建保护区群、建立廊道加强现有保护地之间的联通性、恢复和重建适宜栖息地、加强社区放养家畜的管理等措施。

③ 规模较大的主要有三类，即国有林场的采伐、国营农场的毁林开荒种植和各类开发主体破坏天然林后的橡胶、桉树、槟榔等经济林种植。

途径。

在此背景下，雨林公园开始试点，各方围绕长臂猿的保护工作力度显著加大。这些相关的研究和保护工作，既是海南长臂猿物种保护的新机遇，也是雨林公园和国家生态文明试验区（海南）建设的有力支撑和工作成果的重要指征来源。

三　海南长臂猿保护工作对国家公园和生态文明的支撑作用

迄今为止，以海南长臂猿保护为代表的雨林公园试点工作的国家代表性已经凸显：这个过程中的保护、扶贫、机构建设、体制改革等工作，对中国国家公园体制试点和中国生态文明体制改革而言，均有代表性，也具有可复制性。

对生物多样性保护工作来说，获得全民认可效率最高的方法就是旗舰物种保护、相关宣传教育活动以及物种栖息地所在地区的绿色发展工作。应该看到，这项工作并非从雨林公园体制试点才开始，而是过去40年工作的积累和升级，且通过体制层面对这项工作的升级，雨林公园的体制改革工作才有了抓手，国家生态文明试验区（海南）的建设才可能找到根据地。迄今为止，海南长臂猿的种群恢复态势明显，但这种局面的形成是靠保护、扶贫、机构建设、体制改革等多项工作支撑的，既往的这些工作是雨林公园建设的地基。

从保护而言，仅从海南长臂猿名称①和地位的变化即可管窥海南生物多样性保护工作的绩效。其中文名从黑长臂猿、海南黑冠长臂猿到海南长臂

---

① 灵长类中长臂猿属的 Nomascus 亚属曾被认为仅有 1 个种，即黑冠长臂猿［原文名 Hylobates（Nomascus）Concoler，现名为 Nomascus Concoler］，且分化有 6 个亚种，其中在海南分布有 1 个亚种，即海南黑冠长臂猿（原文名 Hylobates Concoler Hainanus，现名为 Nomascus Hainanus），其他 5 个亚种分布在中国云南、越南和老挝。随着研究手段的不断进步，国内外专家们渐渐发现，海南长臂猿与其他黑冠长臂猿种群在形态、毛色、鸣叫等多个方面存在显著不同，认为其是黑冠长臂猿的海南特有亚种。到 1996 年，中国科学院昆明动物所研究员宿兵等人通过测定线粒体 DNA 控制区序列，确认海南长臂猿已进化为独立种（朱华：《论中国海南岛的生物地理起源》，《植物科学学报》2020 年第 6 期，第 839~843 页）。

猿，这是物种研究、保护工作、自然保护地体制建设等多方面工作的综合反映。尽管还有学术争议①，海南长臂猿对海南生物多样性保护工作和雨林公园的标志符号地位已经奠定，而其数量、种群、栖息地的向好态势，正是中国及海南省生物多样性保护乃至生态文明建设成就的最好说明。

从扶贫而言，海南长臂猿的保护问题，关键在社区（包括国有农场和国有林场），但这些社区大多属于贫困县的贫困乡，其现存生产生活方式大多与保护要求冲突。以雨林公园的核心区域，也是海南长臂猿目前的唯一栖息地霸王岭保护区为例：保护区周边有 3 个乡镇，白沙县青松乡、金波乡（包括金波农场）和昌江县王下乡，共两万多人。保护区内及周边的居民砍伐柴薪及开垦天然林（以次生林为主）等活动，大大妨碍了天然林再生，特别是长臂猿适合利用的低地雨林的恢复。周边人口衍生频繁的破坏性活动，对保护区的管理造成很大的困难。经过过去二十年的扶贫，尤其是过去七年（到 2020 年）的精准扶贫，这种局面有了很大改观，保护区周边社区于 2020 年实现了全面脱贫，生产方式、燃料结构、生活习惯等都发生了天翻地覆的变化，初步实现了人与自然和谐相处，将向人与自然和谐共生的现代化迈进。这不仅与全国的脱贫同步，更反映了中国保护地周边脱贫的普遍情况。

从机构建设来看，这是典型的主流化过程。2017 年，《中国生物多样性国情研究报告 2》提出的生物多样性保护与可持续发展的国家战略——"生物多样性主流化战略"，在现实中有约束、有障碍，迄今为止还未能从全国层面系统性地破解，亟待破解模式。仍以霸王岭保护区为例，其于 1980 年经广东省人民政府批准建立，面积为 2139 公顷，管理机构为霸王岭黑长臂猿自然保护区管理站，股级事业单位建制，隶属广东省人民政府领导，归口霸王岭林业局管理。1988 年，经国务院批准将霸王岭长臂猿省级自然保护区晋升为国家级自然保护区，面积为 6626 公顷，并将机构名称定为"霸王岭国家级自然保护区管理处"，但仍为股级事业单位建制。2003 年，经国

---

① 如海南长臂猿到底是否为 Keystone Species，这仍是值得探讨的学术问题，因为其和热带季雨林相关动植物种之间的关系仍不明晰。

务院批准海南霸王岭国家级自然保护区面积扩大至 29980 公顷。2009 年海南霸王岭国家级自然保护区晋升为正处级单位；隶属海南省林业厅管辖，为独立的法人单位。这样从省级到国家级自然保护区再整合成国家公园的过程，是 10 个国家公园体制试点区的主流历程。自然保护区机构建设的这些正规化、制度化举措，均略微超前于海南长臂猿的数量、种群、栖息地的向好，这种相关性从另一个角度反映了机构建设对保护的作用，反映了海南省基于长臂猿保护的生物多样性主流化基础工作。

从体制改革来看，海南尽管列入国家生态文明试验区的时间最短、区域面积最小，但相关改革范围不小、力度不小、成效不小。以 2015~2018 年的海南森林公安体制改革为例，这是全国第一个实现了省级以下森林公安垂直管理、森林公安拥有完整的执法权和刑事侦查权的森林警察队伍，对加大打击盗伐盗猎力度、全面落实林业执法起到了重要作用。海南森林公安体制改革对海南长臂猿和坡鹿等海南特有物种的保护效果明显。这样的改革还有很多。海南在全国 4 个国家生态文明试验区中起步最晚，整体改革进度对标《国家生态文明试验区（海南）实施方案》却不慢，这充分说明了海南在国家公园体制方面的基础工作是扎实的、作为国家生态文明试验区是合格的。

附件5
国内外国家公园"生态保护、绿色发展、
民生改善相统一"的经验借鉴

一 哥斯达黎加在热带雨林类型国家公园保护利用上
可以给海南提供的经验

中美洲国家哥斯达黎加，在基本国情、生态资源、发展目标和国家公园建设保护上与海南有诸多相似性，其经验值得雨林公园借鉴。

首先是基本国情。哥斯达黎加的领土略大于海南（国土面积约5.1万平方公里，海南的陆地面积正好是其2/3）、人口显著少于海南（2022年约520万人，仅为海南的一半）、经济发展水平高于海南（人均国内生产总值1.31万美元），但产业结构与海南类似（以旅游和外贸为主要产业）且高度开放（哥斯达黎加是中美洲最为国际化的国家且没有军队，在对外开放方面以自贸港为目标的海南与其接近）。

其次是生态资源。哥斯达黎加与海南有两方面的可比性：①都位于热带，陆地以森林生态系统为主体，海洋生态系统也重要，森林和实际控制的领域面积都与海南相仿；②从地貌而言，海岸边是平原，中部是热带雨林。但其生态资源价值高于海南：其国土面积仅占世界陆地总面积的0.03%，却拥有全球近5%的物种，是世界上生物物种最丰富的国家之一。其近30%的国土为国家公园或自然保护区，国家公园有27个（面积比例约1/5，高于海南的约1/8）。森林覆盖率约52%（2022年），虽低于海南（57.4%，2022年）但其超过90%为原始林，从生态价值而言要大得多。

最后是在发展目标和国家公园建设保护上也存在借鉴之处。在保护方面，海南以生态立省，哥斯达黎加同样把生态保护作为国家发展的前提，

且法治建设更为完备；在利用方面，哥斯达黎加在按中国标准的生态产业化方面居于世界领先水平，其国家自然保护地的旅游人数构成了国家的游客主体，且发展出了为游客服务的、生态特色明显的完整产业链，农旅融合也有特色。哥斯达黎加在联合国《生物多样性公约》履约上更好地全面体现了三大理念，在科学指导下较好地兼顾了保护与利用、以利用反哺保护。

将海南与哥斯达黎加作对比，可以发现海南在《生物多样性公约》履约和国家公园建设方面有些地方有优势，如在发展中主流化、更易于实现生态产业化（包括自贸港和产业链配套以及中国的国内市场等），但从环境质量、国际形象、绿色发展现状来看还有较大差距（哥斯达黎加森林覆盖率虽然没有海南高，但生物多样性却丰富得多，不能只以覆盖率来看），国家公园所占面积也不足（可以用生态保护红线来顶替。如果海南对生态保护红线的管控能达到较高的水平，实际上也能起到保护地的作用），需要配合自贸港的建设，在全面体现《生物多样性公约》三大理念、更好地国际化方面着力。就近期工作而言，重点在抓好绿色发展，形成有国际竞争力且靠国家公园实现增值的农产品（如茶）、服务（如自然教育产业和自然方面的会展业），这是哥斯达黎加国家公园做得好、海南也容易学的主要领域。

二 武夷山国家公园茶产业发展经验借鉴

武夷山国家公园，横跨江西、福建两省，是世界人与生物圈保护区，又是世界自然和文化双遗产的国家公园。茶产业是武夷山的支柱产业之一。武夷山国家公园（福建片区）范围内拥有茶园面积34.54平方公里，占国家公园总面积的3.4%。如何培优做大茶产业，打通绿水青山向金山银山转换通道，以"在控制茶园面积不增加的前提下，努力提升茶叶品质，鼓励和支持茶企、茶农高标准建设生态茶园"为主要思路，规范提升武夷山国家公园茶产业。

第一，严格控制茶山垦殖面积。持续保持对违规开垦茶山行为的高压打击态势，及时开展违规违法茶山调查，坚决遏制违规违法开垦茶山苗头。加强国家公园内茶山的综合管理和系统修复，对新出现的违规违法茶山组织拔除，及时开展植被恢复。结合智慧国家公园建设，建立武夷山国家公园茶山数字化管理模块，运用现代化科技手段开展监控，保持现有茶山面积不扩大。在推广生态茶园建设的基础上，开展现存茶山评估清理、生态极敏感区的"退茶还林"，最大限度地减少人类活动对重要生态系统的干扰。

第二，对武夷山国家公园内分布的茶山实施生态茶园改造。大力推广茶园植树、梯壁种草、套种绿肥、套种树木等生态茶园模式和生物防控等技术，引导茶企（农）科学管护茶园，加强茶园水土保持，改善茶园生态环境，提高生态茶园的面积和茶叶品质①。选择多种阔叶树、珍贵树、观叶或观花树种套种，逐步扩大生态茶园面积。规划在国家公园南源岭村、桐木村、洲头村、红星村、坳头村、西坑村、乌石村等茶山集中分布区建设生态茶园，总面积不低于8625亩，并根据实际情况制订分年分步实施计划，购置银杏、福建野鸦椿、桂花、福建山樱花、茶花、香榧等树种开展套种。

第三，规范茶园管理。加强茶产业经济结构调整和生产管理，逐步推广有机和绿色种植模式，逐渐减少化肥、农药使用量，减少对水体以及水环境的面源污染。开展农作物病虫害绿色防控，深入实施生态调控、生物防治和施用有机肥，引导茶企（农）科学管护茶园，大力推广茶园无药无肥，示范推广"有机肥+绿肥轮作"，多用农家肥、有机肥，全面严禁高毒、高残留化学农药。实行违规使用农药行为有奖举报制度。

第四，茶树种质资源保护。开展适制红茶的栽培型茶树种质空间分布以及野生茶树种质分布情况专项调查，摸清不同区域适制红茶的茶树种类、群落和生境分布状况，明确主要保护地域生境情况。在此基础上，开展红

---

① 茶山套种大豆、油菜后，茶叶质量比对照提高1~2个档次，销售价格比对照提高30%~35%；改善土壤微环境，酸性土壤的磷分解游离态可吸收，减少蒸发，保墒效果好，生态净化，改善土壤理化性状，增加有机质含量。

茶发源地种质资源就地保护体系，研究制定红茶发源地种质资源保护修复方案，在桐木、黄坑、干坑等地栽培型茶树及野生茶树种群分布区就地建立红茶茶树种质资源保护基地。规划开展国家公园适制岩茶的茶树种质资源专项调查，摸清国家公园内不同区域适制岩茶的茶树种类、群落和生境分布状况，确定主要保护地域生境受损情况，统筹在保护性生产的基础上进行修复。研究制定适制岩茶的茶树种质资源原产地生境保护修复方案，开展岩茶发源地种质资源就地保护体系，在原武夷山景区建立适制岩茶的茶树种质资源原产地保护基地。

第五，茶文化科普体验基地。武夷山是世界乌龙茶和红茶发源地，武夷岩茶（大红袍）制作技艺是国家级非物质文化遗产，茶文化是武夷山世界文化遗产的重要组成部分。立足武夷山生态优势，以绿色发展为导向，规划在星村、桐木、黄坑、干坑等地建设系列开放式的茶文化科普体验基地，访客除了可以饮茶品茗外，还可以了解茶叶的制作过程。与社区进行合作，聘请当地制茶师示范制茶工艺，并邀请访客一同体验感受揉、燥、压等制茶流程。邀请专业茶艺师进行茶艺表演，讲授茶文化知识。把武夷山古老的茶文化及茶道精髓融入武夷山国家公园，丰富国家公园的文化内涵底蕴。

第六，共促茶养旅项目重点开发茶文化养生旅游。推出茶园生态游、茶乡体验游、茶保健旅游、茶事修学游等多种茶文化养生旅游方式，推出"大红袍景区精品线路""岩骨花香慢游道""洞天仙府慢游道""武夷山智荟茶旅游学线路""朱子茶旅一日游线路"等全国茶乡旅游精品线路。开展精品茶楼会所、茶民宿星级评选活动，重点培育一批以"品茶季、采茶季、制茶季、斗茶季"4个主题涵盖茶民俗、采茶、制茶、品茶、斗茶等为内容的茶事体验项目，不断丰富茶叶生产、茶艺表演、茶文化交流等旅游研学活动。推进养育、养生、养老的"三养"产业，让空气清新、水质好、负氧离子含量极高的武夷山，成为茶养旅融合的"中华不老城"、世界"人与生物圈"的魅力度假之都和休闲养生天堂。

图书在版编目（CIP）数据

海南热带雨林国家公园发展报告 . 2022~2023 / 海
南国家公园研究院组织编写；苏杨，苏红巧，赵鑫蕊编
写 . --北京：社会科学文献出版社，2024. 10.
ISBN 978-7-5228-4339-1

Ⅰ. S759. 992. 66；S718. 54

中国国家版本馆 CIP 数据核字第 2024PX0980 号

海南热带雨林国家公园发展报告（2022~2023）

组织编写 / 海南国家公园研究院
编　　写 / 苏　杨　苏红巧　赵鑫蕊

出 版 人 / 冀祥德
组稿编辑 / 宋月华
责任编辑 / 李建廷　杨春花
文稿编辑 / 王红平
责任印制 / 王京美

出　　版 / 社会科学文献出版社·人文分社（010）59367215
　　　　　　地址：北京市北三环中路甲 29 号院华龙大厦　邮编：100029
　　　　　　网址：www. ssap. com. cn
发　　行 / 社会科学文献出版社（010）59367028
印　　装 / 三河市东方印刷有限公司

规　　格 / 开本：787mm×1092mm　1/16
　　　　　　印张：12.5　字数：182 千字
版　　次 / 2024 年 10 月第 1 版　2024 年 10 月第 1 次印刷
书　　号 / ISBN 978-7-5228-4339-1
定　　价 / 128. 00 元